爱上科学

Science

数学速览 即时掌握的 200 个数学知识
MATHS IN MINUTES
200 Key Concepts Explained in an Instant

[英]Paul Glendinning 著
方弦 译

人民邮电出版社
北京

图书在版编目（ＣＩＰ）数据

数学速览. 即时掌握的200个数学知识 / （英）格伦
迪宁（Glendinning, P.）著；方弦译. —— 北京：人民
邮电出版社，2014.11（2017.9重印）
（爱上科学）
ISBN 978-7-115-36107-3

Ⅰ. ①数… Ⅱ. ①格… ②方… Ⅲ. ①数学—普及读
物 Ⅳ. ①01-49

中国版本图书馆CIP数据核字(2014)第153723号

版权声明

MATHS IN MINUTES: 200 KEY CONCEPTS EXPLAINED IN AN INSTANT by PAUL GLENDINNING
ISBN 9781780873695
Copyright:© 2012 BY PAUL GLENDINNING
This edition arranged with Quercus Editions Limited through Big Apple Agency, Inc., Labuan,
Malaysia. Simplified Chinese edition copyright:2014 POST & TELECOM PRESS. All rights
reserved.
本书简体中文版由 Quercus Editions Limited 授予人民邮电出版社在中国境内出版发行。
未经出版者书面许可，不得以任何方式复制或节录本书中的任何部分。
版权所有，侵权必究。

◆ 著　　　　　［英］Paul Glendinning
　　译　　　　　　方　弦
　　责任编辑　　　李　健
　　执行编辑　　　周　璇
　　责任印制　　　周昇亮

◆ 人民邮电出版社出版发行　　北京市丰台区成寿寺路 11 号
　　邮编　100164　　电子邮件　315@ptpress.com.cn
　　网址　http://www.ptpress.com.cn
　　北京京华虎彩印刷有限公司印刷

◆ 开本：850×1100　1/32
　　印张：6.5
　　字数：227 千字　　　　　　　　2014 年 11 月第 1 版
　　印数：4 801 – 5 100 册　　　　2017 年 9 月北京第 6 次印刷
　　　　著作权合同登记号　图字：01-2014-1612 号

定价：35.00 元
读者服务热线：(010)81055339　印装质量热线：(010)81055316
反盗版热线：(010)81055315
广告经营许可证：京东工商广登字 20170147 号

内容提要

　　《数学速览：即时掌握的 200 个数学知识》内容简单而实用，以数学为主要内容介绍 200 个重点的科学知识。每个知识点通过一个易于理解的画面和简洁的解释，使读者很容易理解其概念。书中的 200 个知识概念涵盖了所有数学领域，包括集合、数列、几何、代数、函数与微积分、向量与矩阵、复数、组合、数论等方面内容。

　　书中有着令人难以置信的简单、快速的数学概念，可以令读者很容易记住其中的知识。通过科学研究发现，信息可视化的知识最易被人体大脑吸收。本书不仅是读者理想、便利的数学参考书，同时也可供读者在闲暇时阅读，使复杂的数学变得简单、快速、有趣。

序言

　　数学已经发展了超过四千年。我们仍然用巴比伦人制定的 360° 系统来度量角度。而成熟的几何来自古希腊人，他们也对无理数有所理解。摩尔人则发展了代数，并推广了 "0" 这个数字。

　　数学拥有悠久的历史，这自有其原因。作为科学、技术、建筑与商业的语言，它的用处多得惊人；而作为一种智力活动，它又能带来深刻的满足。但数学不仅拥有辉煌的过去，它仍在不断发展，在已知领域中的研究方法越来越精细，也发现或者发明了更多等待探索的新领域。近年，计算机提供了一条探索未知领域的新道路，即使最后的成果是传统的数学证明，数值计算同样能成为新的灵感源泉，加速人们提出猜想的步伐。

　　要在 200 篇小文章中介绍数学的方方面面，这显然是痴人说梦。本书要做的，只是讲述数学中从古到今的一些成果，并解释它们令人激动之处。为了更详细讲述其中一些思想，我们自然希望专注于基础数学，而对于它们的各种应用，只能走马观花地略知一二而已。

　　数学思想环环相扣，所以在本书的结构中，密切相关的领域编排得尽量接近，但也要注意那些关系不太密切的领域之间的联系。数学的惊人之处之一就是，一些初看看毫无瓜葛的研究领域，最后发现有着深刻的联系。魔群月光（见第 153 页）就是一个现代的例子，而矩阵方程（见第 133 页）则是一个更为人熟知的联系。

　　所以，本书只是对四千年人类智慧的粗略概括，而这仅仅是起点。我希望本书能作为跳板，引导人们深入地阅读与思考。

保罗·格伦迪宁（Paul Glendinning）

2011 年 10 月

目录

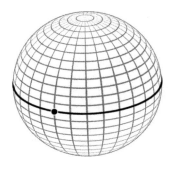
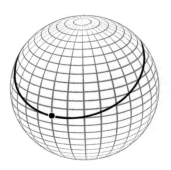

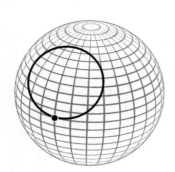
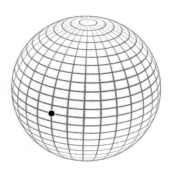

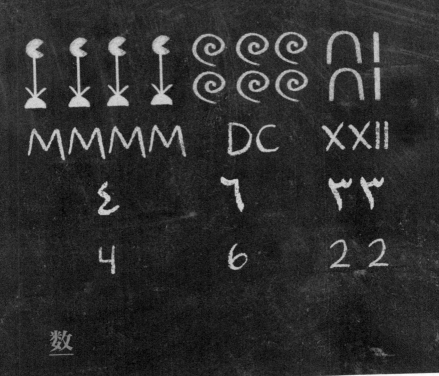

数 的最基本的意义，就是描述数量的形容词。比如我们会说"三张椅子"或者"两只羊"。但即使作为形容词，我们会本能地认为"两只半羊"这个短语没有道理。所以，数可以有不同的用法和意义。

因为古人在不同的地方使用数，数就具有了符号化的意义，就像在埃及象形文字中，一株睡莲代表数字 1000。尽管这种视觉表示法非常美观，但它并不便于代数运算的进行。随着数的使用越来越广泛，它们的符号也渐趋简单。罗马人仅仅用几个简单的符号，就能表示成千上万的数。即使如此，关于大整数的计算仍然非常复杂。

我们现代的记数系统源于公元 10 世纪的阿拉伯文明。它使用逢十进一的进位制（见第 12 页），大大简化了原本复杂的计算。

自然数

自然数就是计数时用到的简单数字（0，1，2，3，4，…）。复杂社会通过贸易、技术和文件不断发展，而计数的技能与此息息相关。但计数需要的不仅是数字，而且需要加法，当然也需要减法。

当人们开始计数，数的运算就成为了词汇的一部分——数不再单纯用于描述事物，而同时成为了一种能互相作用的对象。当人们理解加法后，乘法就相当于一种考虑总和的总和的方法：五组东西，每组六个，一共多少个？而除法则提供了乘法对立面的一个描述：如果三十个东西平均分成五组，每组有多少个？

但这存在问题。如果将 31 平均分成 5 组，这是什么意思？从 1 里拿去 10 又如何？要赋予这些问题一个恰当的意义，我们需要跳出自然数的领域。

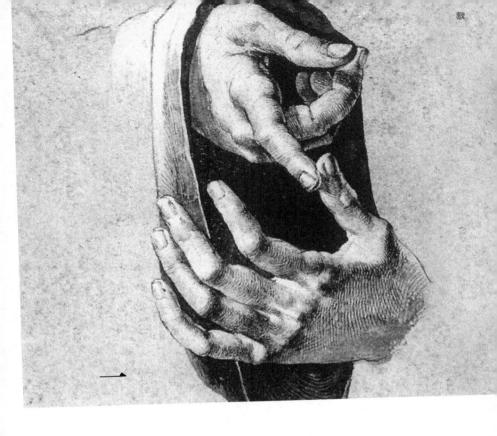

一

与零相似,数字一在整个算术中占据着核心地位。"一"是形容单个物体的形容词:将这个数重复加上或者减去自身,我们能得到所有正整数与负整数,也就是所有整数。这是划记法的核心,这种记数法可以追溯到史前时代,可能是最早的记数法。在乘法中,"一"扮演着特殊的角色:任何数乘以一都得到原来的数。为了表达这个性质,我们将一称为乘法单位元。

数字"一"有着独特的性质,这意味着它的行为很不平凡——它是所有其他整数的因子,第一个非零整数,也是第一个奇数。它也是度量之间一个有用的比较标准,在数学与科学中,有很多计算最后都会做归一化处理,得到处于 0 与 1 之间的结果。

零

零是一个复杂的概念，在相当长的一段时间中，人们相当不愿意在哲学上承认这个概念并为它命名。最早的零的符号只存在于其他符号之间，表示符号的缺失。比如，古巴比伦记数系统用一个特殊的符号来表示其他数字之间的零，但却没有符号表示数字末尾的零。最早确认零是一个数字的用法来自公元 9 世纪前后的印度数学家。

除了在哲学上的顾虑以外，早期数学家不愿意接受零的原因之一，是它的行为与其他数不尽相同。例如，除以零是没有意义的运算，而任何数乘以零都得到零。不过，零在加法中的角色，正如一在乘法中的角色。零被称为加法单位元，因为任何数加上零都得到原来的数。

无限

简单来说，无限（在数学中记作 ∞）是一个关于"没有尽头"的概念：一个对象是无限的，就是说它无边无际。研究数学时，很难避免各种形式的无限。许多数学论证和技巧都涉及从无限长的列表中选取某些对象，又或者观察某些过程如果无限逼近它的极限时会出现什么情况。

包含无限个数或者其他对象的集合被称为无限集合（见第 27 页），无限集合是数学中至关紧要的部分之一。从无限集合的数学描述出发，我们能得到一个优美的结论：无限集合不止一种，我们有许多不同类型的无限。

实际上，我们有无数种不同的无限集合，一个比一个大。这看上去不合常理，但却是数学定义的逻辑推论。

记数系统

记数系统就是将数写下来的一套方法。在我们常用的十进制系统中，我们将数表示成类似 434.15 的形式。数字中的每一位分别代表个、十、百，或者分、厘、毫等，每一位的数字被称为系数。因此 $434.15 = (4 \times 100) + (3 \times 10) + (4 \times 1) + \left(\dfrac{1}{10}\right) + \left(\dfrac{5}{100}\right)$。这其实是表示十的幂（见第 17 页）求和的一种简单方法，所有实数（见第 14 页）都可以这样写出来。

但这个"以十为底"的记数系统没有特殊之处。同样的数能以任何正整数 n 为底，用从 0 到 $n-1$ 的系数写出来。比如在二进制中，也就是以二为底时，$8\dfrac{5}{16}$ 可以写成 1000.0101。小数点左边每一位分别代表 1、2、4、8，也就是 2 的幂。而右边每一位则是 $\dfrac{1}{2}$、$\dfrac{1}{4}$、$\dfrac{1}{8}$ 和 $\dfrac{1}{16}$。绝大多数计算机使用二进制系统，因为两个系数（0 和 1）在电子设备上比较容易处理。

十进制	二进制
0	0
1	1
2	10
3	11
—	—
10	1010
11	1011
12	1100

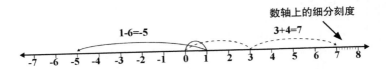

数轴上的细分刻度

数轴

在 思考数学运算的意义时，数轴是个很有用的概念。它是一条带着刻度的水平直线，左右两边的刻度分别标注着负整数和非负整数。数轴所覆盖的整数就是所有整数的集合。

一个数加上一个给定的正数，相当于在数轴上将相应的点向右移动一段距离，这段距离等价于这个给定的正数。减去相同的正数，相当于向左移动一段相同的距离。所以，1 减去 10 相当于从 1 开始向左移动 10 个单位的距离，到达 -9 的位置，也就是负九。

在整数之间还有其他数字，比如 $\frac{1}{2}$、$\frac{1}{3}$ 和 $\frac{1}{4}$。这些都是任意整数与非零整数组成的比率。它们与自然数——也就是 0 和正整数，可以将它们的值看成自身与 1 的比值——都被称为有理数（译者注：有理数也包含负整数），在数轴上可以用越来越精确的细分刻度表示。

但数轴是否完全由有理数组成呢？实际上，几乎所有在 0 和 1 之间的数都不能写成比值的形式（译者注：指整数的比值）。这些数被称为**无理数**，它们的小数表示无穷无尽，并且不会不断重复某几个数字（译者注：即无限不循环）。有理数和无理数一起组成的集合被称为**实数**。

数族

数可以分成不同的数族, 同一数族的数有某些相同的性质。有很多方法对数进行这样的分类。实际上, 因为数的个数无穷无尽, 所以我们有无限种方法将它们区分开来, 划入不同的分类。比如我们在现实世界中用来清点物品的**自然数**, 就是这样的一个数族。**整数**也是一个数族, 它包含了自然数和负整数。**有理数**组成了另外一个数族, 它同时帮助我们定义了一个被称为**无理数**的更大的数族。**代数数族和超越数族**（见第 22 页）的定义牵涉另外一些性质, 而所有这些数族都是**实数**的一部分, 它的定义与**虚数**（见第 26 页）相对。

我们有时说某个数属于某个数族, 这是表达这个数拥有某些性质的简略说法, 从而理清我们在数学上能提出关于它的有意义的问题。有时, 在构造描述某个数列的函数时, 会得到不同的数族。相对地, 对于某些来自直觉的数族, 我们也能构造对应的函数或者规则来描述它们。

打个比方, 我们凭直觉能识别出偶数, 但偶数到底是什么? 在数学上, 我们可以将偶数定义为所有形如 $2 \times n$ 的整数, 这里 n 是自然数（译者注: 偶数实际上也包含负数的情况）。同样, 奇数就是形如 $2n+1$ 的整数, 而素数则是所有大于 1, 而因子只有 1 和它自身的数。

其他数族也常常在数学中出现。比如, 在斐波那契数（1, 2, 3, 5, 8, 13, 21, 34, …）中, 每个数都是前两个数的和。这种模式在生物与数学中都很常见（见第 46 页）。斐波那契数与黄金比例（见第 21 页）也有着密切的联系。

数族的其他例子还包括乘法表, 它由正整数乘以某个特定的数得到的结果组成。平方数也是一个数族, 每个平方数都是一个自然数与自身的积: n 乘以 n, 或者说 n^2, 又或者 n 的平方。

交换律

$$x + y = y + x$$

结合律

$$(x + y) + z = x + (y + z) = x + y + z$$
$$(xy)z = x(yz) = xyz$$

分配律

$$x(y + z) = (xy) + (xz)$$
$$(y + z)x = (yx) + (zx)$$

数的组合

有几种不同的方法能组合任意两个数。两个数相加能得到它们的和，相乘能得到它们的积，相除则得到它们的商，前提是除数不为零。

其实，如果我们将 $a-b$ 看成 $a+(-b)$，将 a/b 看成 $a \times \left(\frac{1}{b}\right)$ 的话，实际上我们只需要加法和乘法，再加上**求倒数**，用于计算 $\frac{1}{b}$。

我们说加法和乘法是可交换的，因为参与计算的数字之间的顺序无关紧要，但对于更复杂的多步计算来说，进行运算的次序非常重要。为了阐明这一点，我们发明了几条规则。其中最重要的是要先进行括号中的运算。乘法与加法也满足另外几条普遍的规则，它们说明了应该如何对待括号，这些规则被称为结合律与分配律，详见上图。

有理数

有理数就是那些能表达为一个整数除以另一个非零整数的数。所以，所有的有理数都有着分数或者商的形式。写成一个数（被称为分子）除以另一个数（被称为分母）。

如果用十进制写法的话，有理数要么只有有限位小数，要么会不断重复一个或几个数字。比如 0.33333333… 就是一个写成十进制小数的有理数。它的分数形式是 $\frac{1}{3}$。我们也可以说，任何有限小数或者无限循环小数一定是有理数，能写成分数的形式。

因为整数有无穷个，所以将一个整数除以另一个的组合有无数种，这也并不稀奇。但这并不表示有理数的个数是比整数个数"更大的无限"。

平方、平方根、幂

任意的数 x 的平方是这个数与自身的积，记作 x^2。这个术语的来源，是因为一个（四边相等的）正方形的面积正好是边长乘以边长。因为负负得正，所有非零数的平方都是正数，而零的平方仍然是零。相应地，任何正数都是两个数的平方，比如 x 和 $-x$，它们被称为这个正数的平方根。

　　推而广之，将一个数 x 乘以它自身 n 次，得到的就是 x 的 n 次幂（译者注：也称为 x 的 n 次方），记作 x^n。幂运算有着特殊的组合规则，这些规则源自幂的意义：

$$x^n \times x^m = x^{m+n}, \quad (x^n)^m = x^{nm}, \quad x^0 = 1, \quad x^1 = x, \quad x^{-1} = \frac{1}{x}$$

　　从公式 $(x^n)^m = x^{nm}$ 出发，一个数的平方根可以看作这个数的二分之一次方，也就是说 $\sqrt{x} = x^{\frac{1}{2}}$。

素数

素数是只能被自身和 1 整除的正整数。前十一个素数分别是 2、3、5、7、11、13、17、19、23、29 和 31，但其实有无穷多个素数。我们规定 1 不是素数，而 2 是素数中唯一的偶数。一个又不是 1 又不是素数的正整数叫作合数。

每个合数都可以唯一地写成几个素数因子的乘积。举个例子，$12 = 2^2 \times 3$，$21 = 3 \times 7$，还有 $270 = 2 \times 3^3 \times 5$。因为素数不能再分解成因子，我们可以将素数看作构建正整数最基础的砖块。但要确定一个数是不是素数，如果不是的话找到它的素因子，这个任务可能极端困难。所以这个过程是加密系统的完美基础。

在素数中有很多深刻的规律。黎曼猜想（见第 201 页），这个在数学中引人注目的伟大猜想之一，其内容正与素数的分布有关。

从 1 到 100 的数表，其中标记的是素数

因子与余数

如果一个数能整除另一个数而没有余数，我们就把前者称为后者的因子。所以，4 是 12 的因子，因为它除 12 得到的恰好是 3。在这种运算中，被作除法的那个数，在这里是 12，被称为**被除数**。

但如果用 4 除 13 呢？这时，4 不是 13 的因子，因为它除 13 得到 3，但还剩余 1。这个答案可以写成商 3 余 1。这相当于说 $3 \times 4 = 12$ 是小于 13 而又能被 4 整除的最大的整数，而 $13 = 12 + 1$。当余数 1 被 4 除，得到的结果是分数 $\frac{1}{4}$，所以先前问题的答案就是 $3\frac{1}{4}$。

3 和 4 都是 12 的因子（1、2、6、12 也是）。如果我们将一个自然数，比如说 p，除以另一个不是 p 的因子的自然数，比如说 q，那么必定会得到一个小于 q 的余数 r。这也就是说 $p = kq + r$，这里 k 是一个自然数，而 r 是一个小于 q 的自然数。

对于任意两个数 p 和 q，它们的**最大公约数**，也叫最大公因子，就是同时整除 p 和 q 的最大的数。因为 1 显然是任何数的因子，最大公约数一定大于等于 1。如果两个数的最大公约数恰好是 1，那么我们说这两个数**互质**——除了 1 之外它们没有公共因子。

因子这个概念引出了一个非常有趣的数族，叫作"完全数"。这些数除了本身以外因子的和，恰好等于它们自身。第一个也是最简单的完全数是 6，它等于它的因子 1、2、3 的和。第二个完全数是 28，正是等于 $1 + 2 + 4 + 7 + 14$。要花上一点时间才找得到第三个：496，它等于 $1 + 2 + 4 + 8 + 16 + 31 + 62 + 124 + 248$。

完全数非常稀有，要找到它们是种挑战。数学家还不能完全回答一些相关的重要问题，比如说完全数是否有无限个，又或者它们是否全是偶数。

欧几里得算法

算法，是一种按照一套规则解决一个问题的方法或者流程。欧几里得算法是一个早期的例子，它大概出现在公元前 3 世纪。它的目的是找到两个数的最大公约数。算法是计算机科学的基础，绝大部分电子设备要用到算法来计算需要的输出。

欧几里得算法最简单的版本利用了一个事实：两个数的最大公约数与其中较小的数与两数之差的最大公约数相同。这让我们能不断去掉两个数中较大的那个，使计算中的数不断缩小，直到其中一个变成零。剩下的非零数就是原来那两个数的最大公约数。

这个方法有时需要重复很多次才能得到答案。有一个更有效的算法叫标准欧几里得算法：我们将较大的数替换为它除以较小的数得到的余数，直到两数相除不再有余数。

寻找585和442的最大公约数

简单欧几里得算法：15步

$585 - 442 = 143$，接下来考虑 442 和 143

$442 - 143 = 299$，考虑299 和 143

$299 - 143 = 156$，考虑156 和 143

$156 - 143 = 13$，考虑143 和 13

$143 - 3 = 130$，考虑130 和 13

（到了这步答案非常明显，但我们再将 13 减去九次，就得到……）

$13 - 13 = 0$，所以最大公约数是13。

标准欧几里得算法：3步

$$\frac{585}{442} = 1(余\ 143)$$

$$\frac{442}{143} = 3(余\ 13)$$

$$\frac{143}{13} = 11(没有余数)$$

整个过程就此完成，最大公约数是 13。

黄金比值是两个满足如下条件的数的比值：较小数与较大数的比值等于较大数与两者之和的比值。它是一个无理数，在许多情况下会作为常数出现，在艺术与建筑中 被用作比例的调控。

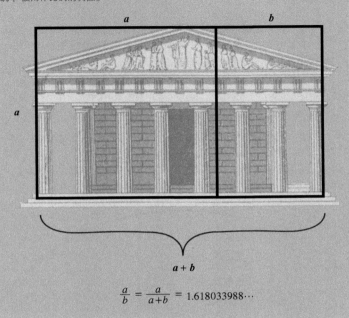

$$\frac{a}{b} = \frac{a}{a+b} = 1.618033988\cdots$$

无理数

无理数就是那些不能被表示为一个自然数除以另一个整数的数。与有理数不同，它们不能被表达为两个整数的比值，它们的小数表示既没有尽头，又不会陷入循环同一段数字的模式。与此相反，无理数的小数表示会不断延续下去，没有周期性的重复。

与自然数和有理数相同，无理数的个数是无限的。虽然有理数集合与整数集合有着同样的大小，或者说基数（见第 31 页），但无理数仍然比它们多得多。实际上无理数的性质决定了它们不仅是无限的，而且是不可数的（见第 35 页）。

数学中一些至为重要的数其实是无理数，这包括圆形周长与直径的比值 π、欧拉常数 e、上图提到的黄金比例，以及 2 的平方根 $\sqrt{2}$。

代数数与超越数

一个代数数是某个关于 x 的幂的方程的解，这个方程应该是一个系数是有理数的多项式（见第 95 页），而超越数则不是任何一个这种方程的解。在这些方程中，系数就是要乘以变量的那些数。比如说，$\sqrt{2}$ 是无理数，因为它不能写成两个整数的比。但它却是一个代数数，因为它是方程 $x^2-2=0$ 的解，而这个方程的系数（1 和 2）都是有理数。所有有理数都是代数数，因为任何比值 $\frac{p}{q}$ 都能看成方程 $qx-p=0$ 的解。

我们可能认为超越数很稀有，但实际恰好相反。$\sqrt{2}$ 是个例外，因为几乎所有无理数都是超越数。在 0 和 1 之间随机选取一个数，它几乎必定是超越数，虽然这不容易证明。这就产生了一个疑问：为什么数学家花这么多时间去解代数方程，而忽略了绝大多数的数？

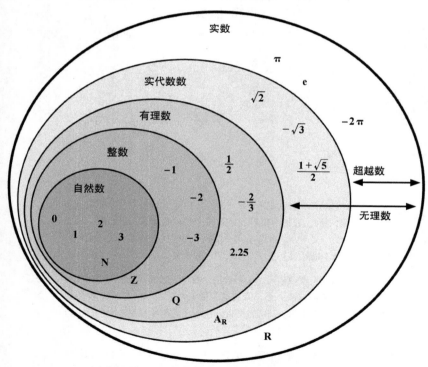

这个嵌套图表展示了实数的几种主要类别，同时包括一些重要例子。

3.14159265358979323846264338327950288419716
93993751058209749445923078164062862089986280
80348253421170679821480865132823066470938446
09550582231725359408128481117450284102701901
93852110555964462294895493038196442881097566
59334461284756482337867831652712019091456485
85669234603486104543266482133936072602491412
73724587006606315588174881520920962829254091
71536436789259036001133053054882046652138414
69519415116094330572703657595919530921861173
81932611793105118548074462379962749567351885
75272489122793818301194912983367336244065664
30860213949463952247371907021798609437027705
39217176293176752384674818467669405132000568
12714526356082778577134275778960917363717872
14684409012249534301465495853710507922796892
58923542019956112129021960864034418159813629
77477130996051870721134999999837297804995105
97317328160963185950244595955…

圆周率 π

圆周率 π 是一个超越数，也是数学中最根本的常数之一。我们用希腊字母 π 来表示它，在许多不同的甚至意想不到的地方都能找到它。因为它如此重要，一些数学家和计算机科学家投入了大量的时间和精力，尝试以越来越高的精确度来计算它。据报道，在 2010 年，计算的精确度已逾小数点后五万亿位，当然计算它用的是计算机。

对于所有实际应用而言，这样的精度毫无必要，π 的近似值可以采用有理数 $\frac{22}{7}$ 和 $\frac{355}{113}$，或者小数 3.14159265358979323846264338。它的发现来自几何学，最早大概能回溯到公元前 1900 年的埃及和美索不达米亚，一般被作为圆的周长与直径的比值而出现。阿基米德利用几何学找到了这个值的一些上界与下界（见第 49 页），自此，在概率论和相对论这些看似毫无关联的领域中，也常常能找到它的身影。

e

e 是一个超越数，也是数学中最根本的常数之一。它又被称为欧拉常数，它的值大概是 2.71828182845904523536028747。数学分析是它的自然用途，尽管工程师和物理学家喜欢用 10 的幂以 10 为底的对数（见第 25 页），数学家几乎用的都是 e 的幂以及以 e 为底的对数，又被称为自然对数。

与 π 相似，定义 e 的方法有很多。它是满足**指数函数** e^x 的导数（见第 107 页）是这个函数自身的唯一实数。它在概率论中会作为一个比例自然出现，也有多种表达为无限求和的方法。

e 与 π 有着密切的联系，因为虽然三角函数（见第 103 页）一般用 π 表达，但也可以用指数函数定义。

当我们画出 a^x 随着 x 变化的图像时，对于众多 a 值，只有 e 使得图像在 $x = 0$ 处的斜率为 1。

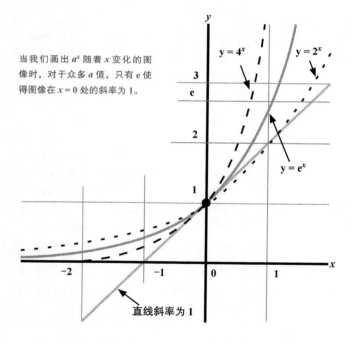

$y = 4^x$

$y = 2^x$

$y = e^x$

直线斜率为 1

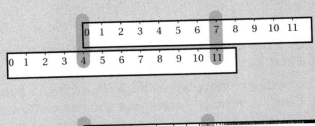

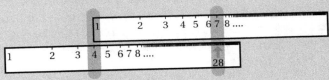

均匀计算尺与对数计算尺的图例：在均匀计算尺上，将需要相加的数字（在这里是 4 与 7）如图对齐，就得到了它们的和。对数计算尺用于计算乘法，用同样的方法对齐就能得到它们的积。

对数

对数用于度量一个数的数量级非常有用。某个数的对数的值，就是这个数到底是一个固定的数（这个固定的数被称为底数）的多少次幂。如果一个数 b 能用 10^a 来表示，那么我们说 a 就是 b 的以 10 为底的对数。因为要计算一个数不同的幂的积，只需要将幂次相加，所以我们可以用对数来计算与幂有关的乘法。

于是，令 $a^n = x$ 以及 $a^m = y$，$a^n a^m = a^{n+m}$ 这条规则写成对数的形式就是 $\log(xy) = \log(x) + \log(y)$，而 $(a^n)^w = a^{nw}$ 则是 $\log(x^w) = w \log(x)$。

在电子计算器还没出现的时代，这些规则曾被用于简化庞大的计算，使用的工具则是对数表或者对数计算尺，这是两把带着对数刻度的尺，可以相对滑动，这时刻度长度的相加对应着乘法。

i

i 是一个代表 –1 的平方根的"数"。虽然要表达这个概念别无它法，但在计数的意义上它并不是一个数，它也被称为虚数。

i 的概念在我们尝试解类似 $x^2 + 1 = 0$ 的方程时很有用，这个方程可以整理成 $x^2 = -1$ 的形式。因为任意正数或者负数的平方都是正的，这个方程没有实数的解。但如果我们定义一个解并把它称作 i，我们就得到了实数的一个理想而可靠的扩展，这是数学的美感与实用的经典例子。正如所有正数都有一正一负两个平方根，–i 也是 –1 的平方根，而方程 $x^2 + 1 = 0$ 也有两个解。

有了这个新的虚数，一个由实数与虚数组成的，关于复数的全新世界就展现在了我们面前（见第 147 ～ 158 页）。

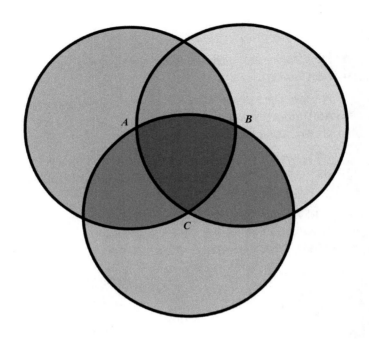

集合简介

简单来说，一个集合就是一堆物体。包含在集合中的对象被称为集合的元素。集合这个概念非常有用，从许多方面而言，毫无疑问它是数学最基础的部分——比数还要基础。

一个集合可以有有限个或者无限个元素，我们常常用花括号 { } 括住集合的所有元素来表达一个集合。在描述一个集合时，元素的次序无关紧要，重复的元素也不是问题。集合也能由集合构成，但这时必须注意描述的方法。

集合如此有用的原因之一是它允许我们保有一般性，能在需要研究的对象上施加尽可能少的结构。集合中的元素可以是数、人物甚至星球，或者三者混合，尽管在实际应用中元素一般会有联系。

集合的组合

假定两个集合，我们可以用不同的运算来创造新的集合，其中几种还有简便记法。

两个集合 X 和 Y 的交集，记作 $X \cap Y$，是由所有同时属于 X 和 Y 的元素组成的集合；而 X 和 Y 的并集，记作 $X \cup Y$，则是由至少属于 X 和 Y 之一的元素组成的集合。

空集是不含有任何元素的集合，被记作 { } 或者 ∅。一个集合 X 的子集则是一个所有元素都在 X 中的集合。它可能包含 X 的部分或所有元素，空集也是任何集合的一个可能的子集。

Y 的补集，也被称作非 Y，被记作 $\overline{Y}$，是那些不在 Y 中的元素组成的集合。如果 Y 是 X 的一个子集，那么 Y 的相对补集，记作 $X \backslash Y$，就是 X 中不属于 Y 的元素组成的集合，有时也用 X-Y 表示。

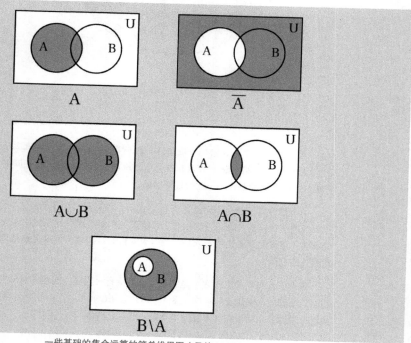

一些基础的集合运算的简单维恩图（见第 29 页）

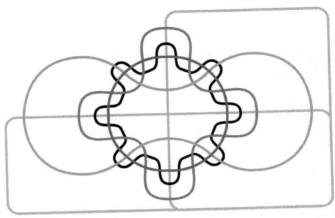

在一个维恩图中表示六个集合的方法之一

维恩图

维恩图是一种简单的形象示意图,广泛用于描述集合之间的关系。在它们最简单的形式中,每个集合用一个圆盘表示,而圆盘的重叠之处表示集合的交集。

用这种示意图来表达不同的哲学命题或者集合的方法可以追溯到几个世纪前。它的形式化则由英国逻辑学家与哲学家约翰・维恩(John Venn)完成。维恩本人则将之称为**欧拉圆**,指代的是瑞士数学家莱昂哈德・欧拉(Leonhard Euler)在 18 世纪发明的一种类似的示意图。

对于三个集合而言,我们有一种经典的方法来表达它们所有可能的关系(见第 27 页)。但如果集合多于三个,布置交集的方法很快变得更为复杂。上图就是一种连结六个集合的方法。

理发师悖论

悖论就是一个看似正确却与自身矛盾的陈述，有时也会引发与逻辑相悖的情况。在 1901 年，英国数学家伯特兰·罗素（Bertrand Russell）用下述的理发师悖论揭示了朴素集合论的漏洞。

某村庄的所有男人要么自己刮脸，要么请理发师（同样是村中的男人）来刮。理发师声称自己只给那些自己不刮脸的男性村民刮脸。那么，谁给理发师刮脸呢？

用集合的语言来说，这个悖论要求我们考虑一个集合，所有不属于自身的集合都属于它。那么，这个集合属于它自身吗？解决类似猜想最直接的方法，就是用一组规则，或者说公理，来限制集合论，创造一个集合的层次体系，其中一个集合只能是上层集合的元素。尽管这不是最完美的答案，但公理集合论已被广泛接受。

如果理发师给自己刮脸，那么他"只给自己不刮脸的人刮脸"的宣言就是假的。如果理发师不给自己刮脸，那么按照他的宣言，他却应该给自己刮脸！无论怎么说，矛盾总会出现。

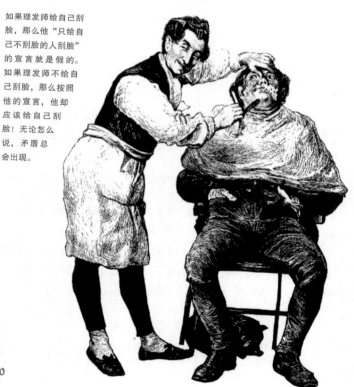

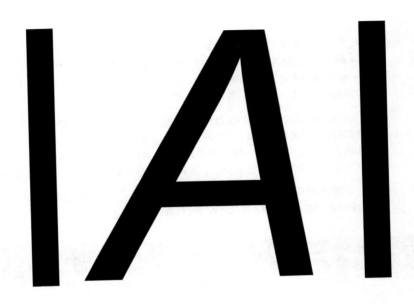

基数与可数集

一个有限集合 A 的基数,记作 $|A|$,就是其中不同元素的个数。如果两个集合的元素能够一一对应,无论它们是有限还是无限,我们都说两个集合有着相同的基数。也就是说,每个集合的元素都能凑成一对,一个集合的元素恰好与另一个集合的一个元素配对。

可数集就是那些能用自然数标记每个元素的集合。从直觉上说,这意味着集合的元素可以列出来,尽管整个列表可能无限长。从数学上来说,这意味着该集合能与自然数的一个子集建立一一对应。

这会产生有趣的推论。比如说,可数集的一个真子集与原来的集合可能有着相同的基数。所以,所有偶数组成的集合与所有平方数组成的集合基数相同,而它们与自然数的基数也相同。它们都被称为可数无穷。

希尔伯特的旅馆

希尔伯特的旅馆，是数学家大卫·希尔伯特（David Hilbert）提出的一个形象化的类比，用以说明可数无穷的奇怪之处。这个想象中的旅馆是可数无穷个房间组成的集合，房间的编号分别是 1、2、3 等，每个房间都住了人。这时，一位迟来的旅客希望能让他住进房间。

思忖片刻之后，旅馆的门房打开公共广播，请求每一位客人搬到编号序列的下一个房间。于是 1 号房的客人搬到了 2 号房，2 号房的客人则搬到了 3 号房，等等。在可数无穷个客人中，原来住在 N 号房的总能搬到 N+1 号房，所以在每个人都搬好后，1 号房就能空出来让新客人入住。

希尔伯特的旅馆说明，一个可数无穷的集合加上一个元素还是可数无穷的，所以必定有许多不同的可数无穷集合。

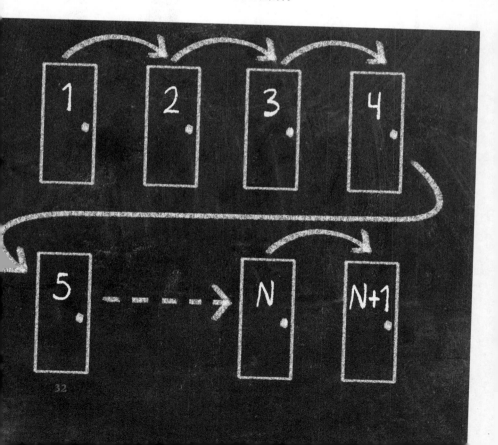

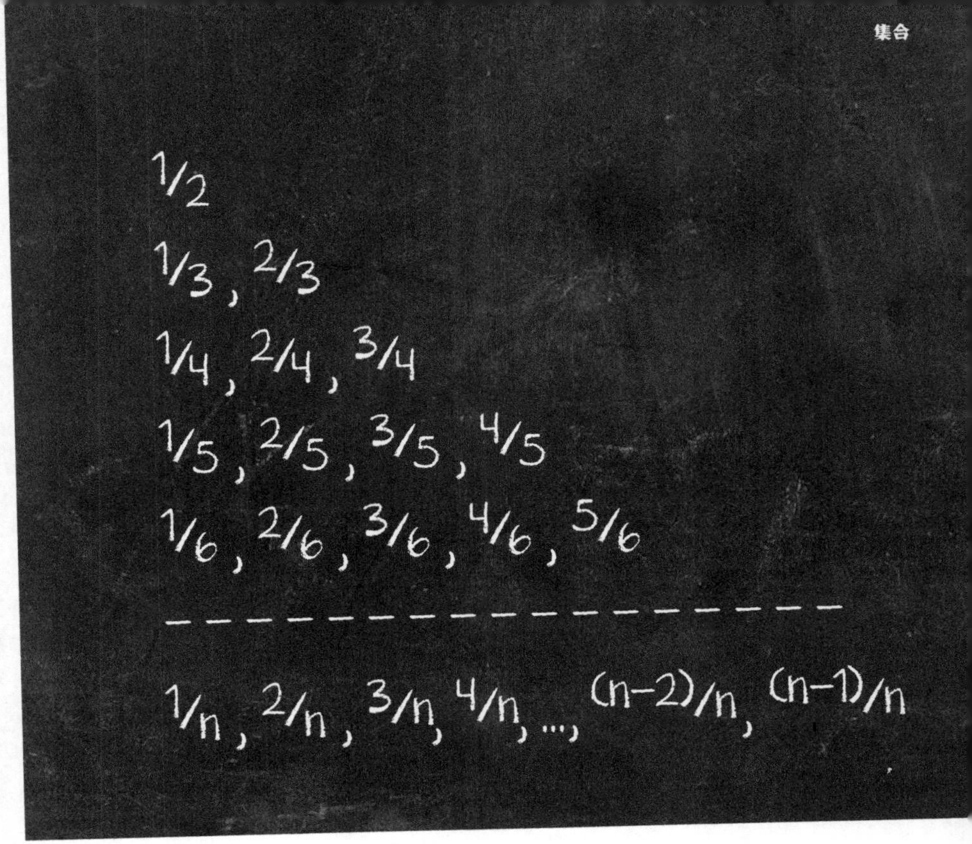

$$1/2$$
$$1/3, 2/3$$
$$1/4, 2/4, 3/4$$
$$1/5, 2/5, 3/5, 4/5$$
$$1/6, 2/6, 3/6, 4/6, 5/6$$

$$- - - - - - - - - - - - - - - - - -$$

$$1/n, 2/n, 3/n, 4/n, ..., (n-2)/n, (n-1)/n$$

有理数的计数

尽管不是所有的无限集合都是可数的,但一些很大的集合确实可数。这其中就包括有理数——能表达为两个整数的比值 $\frac{a}{b}$ 的那些数。只需考虑 0 和 1 之间的有理数就能证明这一点。

如果在 0 和 1 之间的有理数是可数的,那么我们能将这些数排序,得到一个完整的无限列表。最自然的从小到大排序在这里用处不大,因为在任意两个有理数之间总能找到另一个有理数,所以这样的列表连第一第二个元素都写不出来。但是否有别的方法来罗列这些数呢?

一个办法是先按照分母 b 的大小,再按照分子 a 的大小排列这些数,如上图所示。这种办法排出的列表会有重复,但每个 0 与 1 之间的有理数都在列表中至少出现一次。

稠密集

稠密性是一种性质，当集合中的元素之间有距离的概念时，它能用于描述集合与子集的关系。它提供了一条途径，让我们能评估不同的无限集的相对"大小"，而无需清点元素个数。比如，要从数学的意义上表达"有理数是个'很大'的集合"，方法之一就是说明它们在某个特定的集合中（在这个例子中是实数）是**稠密的**，而这个集合本身"很大"。

我们说集合 X 在集合 Y 中是**稠密的**，当且仅当 X 是 Y 的子集，而且 Y 中的任一点要么是 X 的元素，要么与 X 的元素要多近有多近；对于 Y 中的任一点，我们选取任意大于 0 的距离 d，在 X 必定能找到与该点距离至多为 d 的元素。

比如，为了证明有理数在实数中**稠密**，我们需要选取一个距离 d 与一个实数 y，然后证明在 y 附近距离 d 的范围内，必定存在一个有理数 x，可以通过截断 y 的小数表达来得到这一点。

$$\frac{1}{4} \quad \frac{1}{3} \quad \frac{2}{5} \quad \frac{5}{11} \quad \frac{1}{2} \quad \frac{6}{11} \quad \frac{3}{5} \quad \frac{2}{3}$$

不可数集

不可数集是那些元素不能排成一个可数列表的集合。这种集合的存在性意味着无穷集合至少有两种，可数的与不可数的，而实际上我们有无限多种不同类型的不可数集。我们如何证明一个集合是否可数的呢？在 1891 年，德国数学家格奥尔格·康托尔（Georg Cantor）用反证法证明了从 0 到 1 的所有实数的集合是不可数的。他的推理是，如果这个集合是可数的，那么必定存在一个它的元素的无限可数列表，每个元素都写成如下的形式：

$$0.a_1a_2a_3a_4...$$

在这里每一位 a_k 都是 0 和 9 之间的自然数。

康托尔证明了总可以构造一个处于 0 与 1 之间却不在列表中的实数，反驳了上述断言。假设列表上第 k 个自然数能写成如下的小数：

$$0.a_{k1}a_{k2}a_{k3}a_{k4}...$$

我们从而可以构造一个不在列表上的实数。先看列表的第一个数，这时 $k = 1$，如果 $a_{11} = 6$，那么我们的新实数的小数第 1 位就是 7，反之就取 6。为了选取小数第 2 位，我们对列表中第 2 个元素的第 2 位采取同样的规则。小数第 3 位则来源于列表中第 3 个数，依此类推：

$$0.a_{11}a_{12}a_{13}a_{14}...$$

$$0.a_{21}a_{22}a_{23}a_{24}...$$

$$0.a_{31}a_{32}a_{33}a_{34}...$$

执行完这个无限的过程，我们会得到一个数，它的小数表示只包含 6 和 7，并且与列表中第 n 项在小数点后第 n 位处有差异——也就是说原来的列表是不完整的，所以该集合是不可数的。上面的论证被称为康托尔对角线论证。

康托尔集

康托尔集是被称为分形的一类对象的首次亮相。格奥尔格·康托尔（Georg Cantor）发明的对角线论证（见第 35 页）说明实数轴上的某些区间是不可数集。但是否所有不可数集都包含这一类区间呢？康托尔证明了能够构造一个不包含区间的不可数集。康托尔集是无限复杂的，它们在越来越小的尺度上保持着结构。

康托尔三分点集是其中一个例子。要得到它，只需从一个区间出发，在每一步去掉剩余区间的中间三分之一即可。在构造的第 n 步，它拥有 2^n 个区间，每个区间长度为 $\frac{1}{3^n}$，总长度为 $\left(\frac{2}{3}\right)^n$。当 n 趋向无穷大时，在其中的点的数目同样是无穷大，而集合的总长度则趋向于 0。这种细分在无限步之后还有剩余，并且得到的集合是不可数的，这还需要花点时间证明，但这完全是可行的。

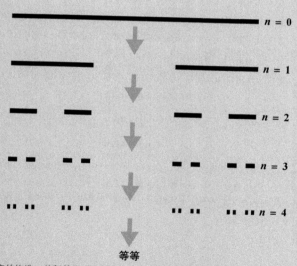

等等

康托尔集的构造：从**闭单位区间**出发，也就是从 0 到 1 的包含端点的所有实数，先去掉中间的三分之一，剩下的是两个长度为 $\frac{1}{3}$ 的闭区间，其中包括端点。现在再去掉这些区间各自中间的三分之一，这样我们就有 4 个（也就是 2^2）闭区间，每个的长度是 $\frac{1}{9}$（也就是 $\frac{1}{3^2}$）。重复这个步骤，直到无限。

> "历史告诉我们科学发展的连续性。我们知道每个时代都有它的难题，而下一个时代要么解决它们，要么因毫无教益而弃置它们，代之以新的难题。"
>
> ——大卫·希尔伯特

希尔伯特问题

希尔伯特问题是一个由 23 个数学研究问题组成的列表，它由大卫·希尔伯特（David Hilbert）在 1900 年巴黎的国际数学家大会上提出。他认为这些问题对于数学在 20 世纪的发展至关重要。

在 19 世纪，由亚历山大里亚的欧几里得（Euclid of Alexandria，见第 57 页）首先使用的公理系统方法被广泛应用到许多新领域。数学家发明了许多方法，用于寻找定义某个研究领域所需的公理，比如在几何学中就是点、直线和曲线以及它们的性质，然后再从这些公理出发，用逻辑来发展这个领域。

许多希尔伯特问题都与公理化方法的扩展有关，它们的解答大大促进了数学的发展，尽管库尔特·哥德尔（Kurt Gödel）的工作（见第 38 页）很快就改变了人们对公理化理论本身的看法。这些问题也开创了设立数学难题列表的传统，这个传统延续至今。

哥德尔不完备性定理

哥德尔不完备性定理是两个卓越的成果，它们改变了数学家对公理
化数学的看法。德国数学家库尔特·哥德尔（Kurt Gödel）在 20
世纪 20 年代后期到 20 世纪 30 年代前期证明的这两个定理，来自他在
公理化理论中发展的一套方法，它被用于编码命题以及展示逻辑规则如
何改变命题。

尽管公理化方法在描述多个数学领域中大获成功，但一些理论被证
明需要无穷条公理来描述，所以数学家期待能找到形式化的方法，用以
证明某个给定的公理集合的完备性与一致性。

一组公理是**完备的**，当它能用自己的语言证明或否证任意命题，而
一组公理是**一致的**，当且仅当不存在既能被证明又能被否证的命题。哥
德尔的第一个定理断言：

**在任何（适当的）公理化理论中，存在这样的命题，它在这个理论
中是真的，但却无法在理论内部证明或否证。**

这意味着尽管我们希望一个理论的公理能完全描述这个理论，有时
候这一点不可能做到，而且我们总能增加公理的数目。更糟糕的是，第
二个困难是关于公理集合的内部一致性的：

**对于一个（适当的）公理化理论，（译者注：在理论内部）只可能
证明它是不一致的，并不能证明它的一致性。**

换言之，我们无法确定一组公理是否隐藏着矛盾。

哥德尔的结果对于数学哲学有深远的影响——但一般而言，职业的
数学家倾向于什么都没发生一样。

　　［译者注：本页涉及的公理化理论，指的是某些包含自然数（也就
是所谓的"皮亚诺公理"）的公理化理论。也有一些常用的公理化理论，
比如一些有关实数的理论，不受哥德尔不完备性定理的影响。事实上，
哥德尔还有一个完备性定理，他证明了所谓的"一阶逻辑"是完备的，
也就是说，我们日常使用的逻辑作为公理化体系是完备的，可以放心使
用。］

选择公理

选择公理是一条重要的规则，它常常被列入定义数学思考的公理列
表中。康托尔的对角线论证（见第 35 页）间接用到了它，而在假
定无穷列表的某些抽象的存在性时，许多其他数学证明也会间接用它来
说明构造一个选择的无限集合的可能性。

更准确地说，这些证明断言，假定无穷个包含多余一个元素的非空
集合，必定可以选取一个元素的无限序列，使得对每个集合恰好选取了
一个元素。对于某些人来说这可能很荒谬——丑陋的无穷又在这里出现
了——但允许这种过程进行的规则，正是选择公理。

我们可以选取其他公理，使得选择公理可以作为定理出现，但无论
用的是哪个版本，要允许某些论证的进行，必须向基本的逻辑规则添加
这条公理。

概率论

概率学是数学的一门分支, 研究如何度量及预测某些事件发生的可能性。它既是集合论的一个应用, 自身又是一门全新的理论。看待概率的方式之一是将可能发生的结果看成集合中的元素。我们考虑一个例子, 将一枚没有偏倚的硬币投掷三次, 所有可能的结果组成一个集合, 它的元素可以表示为 3 个字母的组合, 每个字母代表一次投掷, H 是正面向上, T 是反面向上。这个集合显然有 8 个元素:

{TTT, TTH, THT, THH, HTT, HTH, HHT, HHH}

因为任何一种结果都一定会发生, 而所有这些发生的概率加起来一定是 1, 同时由于硬币没有偏倚, 得到每种结果的可能性是相同的, 所以每种情况的概率都是 $\frac{1}{8}$。

通过将特定的结果看成上述由所有结果组成的集合的一个子集, 我们能回答更复杂的关于概率的问题。

例如, 我们能马上看出, 恰好有两个正面的结果组成的集合有三个元素, 所以它的概率就是 $\frac{3}{8}$。

但如果已知至少有一个反面, 恰好有一个正面的概率又是多少呢? 在至少有一个反面的情况下, 我们能对所有结果的集合做出限制:

{TTT, TTH, THT, THH, HTT, HTH, HHT}

元素一共有 7 个, 其中三个恰好有一个正面——所以概率是 $\frac{3}{7}$。

相似的论证在推广后让数学家能建立一套概率论的公理, 使用的语言是集合的概率以及集合的运算。

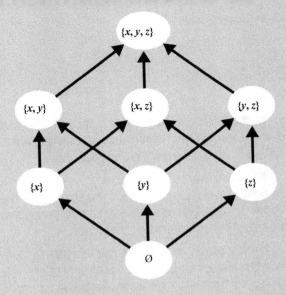

本图表达了集合 {x, y, z} 的幂集中元素的层级关系。箭头指明了 P({x, y, z}) 的某些元素同时也是另一些元素的子集。

幂集

给定一个集合 S，它的幂集就是所有 S 的子集组成的集合，包括 S 本身还有空集。所以如果 S = {0, 1}，它的幂集就是 {∅, {0}, {1}, {0, 1}}，记作 P(S)。

德国数学家格奥尔格·康托尔（Georg Cantor）利用幂集证明了存在无穷多个不同的层层递增的无限层级，他的论证方法与此后的理发师悖论（见第 30 页）有些相似。

康托尔的对角线论证（见第 35 页）已经说明了至少存在两种形式的无穷集——可数无穷，也被称为可列无穷；以及不可数无穷，比如说连续统，也就是实数组成的集合。康托尔又证明了，如果 S 是一个无穷集合，那么它的幂集一定比 S 本身要大，意即不存在从 S 的元素到 P(S) 元素的映射，使得每个集合中的每一个元素都与另一个集合中的元素一一对应。换句话说，P(S) 的基数总是比 S 本身的基数要大。

数列简介

数列是数的有序列表。与集合（见第 27 页）相似，数列可以没有终点，或者说无穷无尽。与集合相反，数列的元素，或者说项，有着特定的次序，而相同的项可以在数列的不同位置出现。

我们最熟悉的数列是自然数列，比如 1, 2, 3, …这个数列中每项之间距离相等，持续趋于无穷。另一种是斐波那契数列，其中每项之间的距离越来越大。两个数列都是发散的。另外一些数列则是收敛的，当项数趋向无穷，每一项也越来越接近一个特定的值。

在放射性衰变中有一个被称为"半衰期"的时间间隔，放射性同位素的剩余量每经过这个间隔都会减半，而表示这个过程的数列在行进中不断趋向 0。这个收敛数列可以用指数衰减曲线描述，见下图。

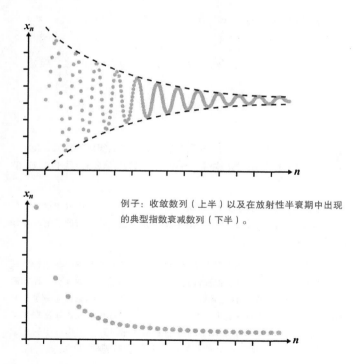

例子：收敛数列（上半）以及在放射性半衰期中出现的典型指数衰减数列（下半）。

$$S_1 = 1$$

$$S_2 = 1 + \tfrac{1}{2} \qquad\qquad 2 - \tfrac{1}{2}$$

$$S_3 = 1 + \tfrac{1}{2} + \tfrac{1}{4} \qquad\qquad 2 - \tfrac{1}{4}$$

$$S_4 = 1 + \tfrac{1}{2} + \tfrac{1}{4} + \tfrac{1}{8} \qquad\qquad 2 - \tfrac{1}{8}$$

$$- - - - - - - - - - - - - - -$$

$$S_n = 1 + \tfrac{1}{2} + \cdots + \tfrac{1}{2n} \qquad\qquad 2 - \tfrac{1}{2^{n-1}}$$

级数简介

在数学中，级数是数列中所有项和的一种表示方法。级数一般用希腊字母 Σ（读作"西格玛"）表示，作为求和，它可以包含无数项，也可以只包含有限项。在这两种情况下，求和范围的下限与上限都分别写在 Σ 的下方与上方。

对于任意的数列 (a_n)，对应的级数是以下的无穷求和：

$$\sum_{i=0}^{\infty} a_i = a_0 + a_1 + a_2 + a_3 + \cdots$$

在许多情况下，这个和要么趋向无穷，要么从不停留在某个特定的值附近。但有一些级数的总和会趋向于一个数，这被称为级数的极限。要知道某个级数是否拥有有意义的极限，我们把它的前 $n+1$ 项的和 $a_0 + a_1 + \cdots + a_n$ 定义为它的有限部分和 S_n。如果相应的部分和数列在包含所有 n 时收敛到 L，那么原级数收敛于某个极限 L。

极限

无限数列或者级数的极限，如果它存在，就是数列或级数的项数趋向无穷时，它们的项或者和会不断接近的一个单一的值。通过一系列的估计来确定近似解的序列是否趋近于一个单一的解，这种求极限的方法能让我们对无限的过程赋予意义。

在对付永不终结而无穷无尽的过程时，求极限非常有用，它在数学中也不可或缺。极限曾被用在古希腊人对 π 以及其他常数的估算中，艾萨克·牛顿（Isaac Newton）也曾使用过极限，但它的形式化要等到 19 世纪后半叶。

现在，极限是许多数学领域的核心，它主要在数学分析这一领域大展身手（见第 107 页），用于研究数学中的函数、变量间的关系以及微积分的发展。

芝诺悖论

芝诺悖论是公元前 5 世纪希腊数学家埃利亚的芝诺（Zeno of Elea）提出的数个悖论之一：

> 乌龟和兔子赛跑，赛程两英里。兔子一直以匀速前进。而惯于哲学思考的乌龟，则慢慢坐下来，确信兔子永远到不了终点。

> 乌龟的想法是，首先兔子要先跑一英里，然后是剩下一英里的一半，接下来是剩下半英里的一半，如此等等。兔子肯定不能跑完这无数段距离，不是吗？

> 芝诺悖论同时反映了数学与哲学上的问题。从数学的观点来看，问题的关键在于，一些无穷数列的求和序列（译者注：一般称为部分和序列，也就是将无穷数列逐项相加时，每次得到的结果组成的序列）会收敛到一个有限的值。如果跑过的距离与所需时间都符合这一点，那么兔子肯定能到达终点。

45

斐波那契数列

斐波那契数列拥有一个简单的模式：将前两个数加起来作为新的数。这个数列在 1201 年首次由一位意大利数学家引入西方，这也是它名字的来源。这个数列不仅在数学的众多领域中出现，而且在物理与自然的观察中也能找到它的身影。

用数学术语来说，这个数列的定义如下：

$$F_{n+1} = F_n + F_{n-1} \ (F_0 = 0, F_1 = 1)$$

这条规则会产生一串整数，开头为 0, 1, 1, 2, 3, 5, 8, 13, 21, 34, 55, 89,…在生物学中，无论是在植物枝干的旋转与沿枝干生长的叶片数目的关系，还是向日葵种子的螺旋形分布，抑或别的其他自然形成的模式中，都有这些数字的出现。斐波那契数列在许多数学背景下，比如在欧几里得算法的解中，也能派上用场。它也跟黄金比例相关（见第 21 页）。

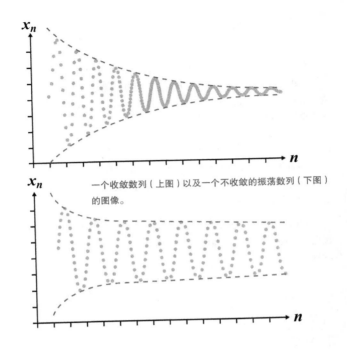

一个收敛数列（上图）以及一个不收敛的振荡数列（下图）的图像。

收敛数列

如果一个有序列表的项会越来越靠近一个特殊的值或者极限的话，我们就说它们是收敛的。但即使我们观察到某个数列看似会收敛到某个极限，我们怎么知道极限是多少呢？举个例子，估算 π 的方法常常用到数列。当数列越来越靠近某个数，我们希望能断言这个数就是 π 真正的值。

对于某个已知的数 L，某个数列趋向于 L，当且仅当对于任意的误差 $\varepsilon > 0$，数列在某一项之后剩下的项与 L 的距离都不超过 ε。卡尔·魏尔斯特拉斯（Karl Weierstrass）与其他数学家发现了，我们不需要知道 L 就能断定一个数列是否收敛。

如果一个数列对于任意的误差 $\varepsilon > 0$，在某一项之后的任意两项彼此的差都不超过 ε 的话，这个数列就是一个柯西序列。对于实数而言，这相当于说数列拥有极限。

收敛级数

个数列的和是收敛的，当且仅当它无限接近某个特定的值或者极限。直观地说，如果相继的部分和，也就是级数开头给定项数的和，它们之间的差越来越小的话，我们可能觉得这个级数会就此安顿下来。举个例子，假设部分和组成的数列是 $(1, S_1, S_2, S_3, \cdots)$，其中

$$S_n = 1 + \frac{1}{2} + \frac{1}{3} + \cdots + \frac{1}{n}$$

那么 S_n 与 S_{n+1} 的差是 $\frac{1}{n+1}$。当 n 变得很大时，$\frac{1}{n+1}$ 会变得很小。但这是否足够说明这个级数——它称为**调和级数**（见第 54 页）——的确会安定在某个极限处呢？

实际上，在这个例子里 S_n 并不会安顿下来，而级数本身是发散的。因此，即使相继的差值像柯西序列那样不断变小，仍不足以保证级数收敛。

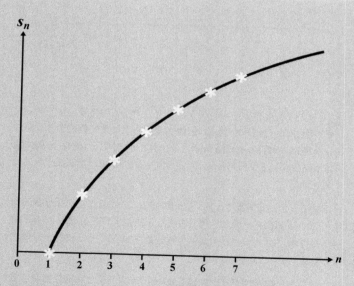

调和级数的图像——尽管部分和之间靠得越来越近，它们并不收敛于一个极限。

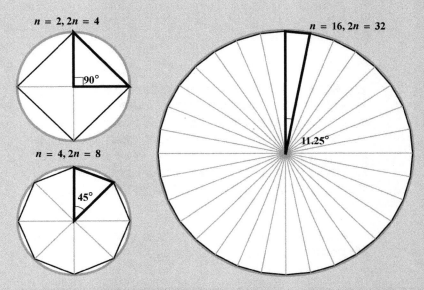

阿基米德求 π 近似值所用数列方法的分步图示。对更大的 *n* 值，我们能得到 π 更精确的近似。

π 的近似

很多近似计算 π 的方法都依赖数列方法。最早在公元前 3 世纪，希腊数学家叙拉古的阿基米德（Archimedes of Syracuse）曾用近似数列的方法求得 π 精确到小数点后两位的值。

考虑一个半径为 1 的圆，它的周长恰好是 2π，然后做出它的一系列内接正 *n* 边形，从正方形开始，每个正 *n* 边形都可以看作一组顶角为 $\theta = 360°/n$ 的三角形。将这些三角形切成两半，会得到斜边为半径 1，一个角为 $\theta/2$ 的直角三角形。我们可以用三角函数（见第 69 页）计算这个三角形其余的边，从而得到正 *n* 边形的周长。

阿基米德手头上当然没有三角函数的值，所以他需要慎重地选择 *n*。现代的方法则利用了级数近似。艾萨克・牛顿（Isaac Newton）曾花费不少时间和精力来计算 π 精确到小数点后 15 位的值。

e 的近似

欧拉常数，也就是无理数 e，来源于数列的研究，也能用数列进行近似。这个常数一开始曾出现在 17 世纪后期雅各布·伯努利（Jacob Bernoulli）关于复利问题的解答中。在复利计算中，开始投资的金额与一段时间后收获的利息决定了下一步将会得到多少利息。如果利率是每年 100%，每半年支付一次的话，每投资 1 元，在 6 个月后会获得 0.50 元的利息，总计 1.50 元。再过 6 个月，又会获得 0.75 元，总计 2.25 元。更一般地说，如果将一年分成 n 段相等的时间，我们获得的总回报就是：

$$\left(1 + \frac{1}{n}\right)^n$$

伯努利注意到，当 n 越来越大，上面的表达式收敛于一个现在被称为欧拉常数的值：其值大概是 2.71828182846。

$$e = \lim_{n \to \infty} \left(1 + \frac{1}{n}\right)^n$$

科拉茨轨道的图示，其中直到 30 的所有整数在序列最后都到达了 1。27 由于实际操作的原因被忽略了——它要花上额外的 95 步才会连接到图中的数字 46。

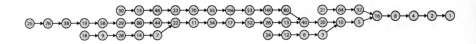

迭代

迭代是一种重复应用某种规则、作用或者指令的数学过程。这样的重复可以生成一个序列。迭代方法常常用在数值分析中，这个领域研究的是如何将数学问题转化为计算机能理解的语言。

动力系统与混沌这门学科描述了在系统上施行简单规则的迭代时，系统的状态会如何变化。在这些应用中，理解不同的初始值会在何种程度上影响最终的结果非常重要，而这并非易事。

举个例子，取一个正整数 x，如果它是奇数，就乘以 3 再加 1，如果是偶数，就除以 2。现在重复相同的规则，直至这个数列到达 1。每一个曾被检验过的初始值 x 都会在有限次内停止迭代。在 1937 年，德国数学家洛塔尔·科拉茨（Lothar Collatz）猜想上述情况对所有可能的 x 都成立，但这个猜想仍未被证明。

等差数列

等差数列是数的一个有序列表，其中相邻的项之间的差为常数。数列 0, 13, 26, 39, 52,…正是一个例子，其中常数公差为 13。如果公差是正数，这样的数列会趋向正无穷。如果公差是负数，数列则会趋向负无穷。最近被证明的格林 - 陶定理（见第 161 页）描述了长等差数列在素数中的普遍性。

等差数列部分和的计算比较容易，只需用一点小技巧。举个例子，从 1 到 100 的数总和是多少？一种简单的方法是将求和写两遍，一遍正向一遍反向，这时每列的和都是 101。因为有 100 列，所以总和是 100 乘以 101，再除以 2。这个论证推广之后，可以证明任意等差数列的和是（译者注：此处公式只使用于首项为 0 的情况）：

$$a + 2a + 3a + \cdots + na = \frac{1}{2}an(n+1)$$

$$1 + 2 + 3 + \ldots + 98 + 99 + 100$$

$$100 + 99 + 98 + \ldots + 3 + 2 + 1$$

$$101 + 101 + \ldots + 101 + 101 + 101$$

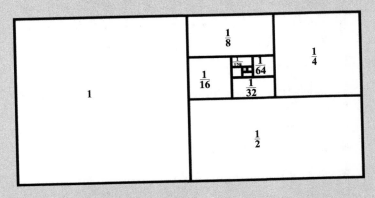

在上图中，矩形的面积代表了一个公比为 1/2 的等比数列，这清楚地说明了对应的无穷级数收敛于极限值 2。

等比数列

等比数列是数的一个有序列表，其中每一项都是前一项与一个固定常数的积。数列 1, 4, 16, 64, 256, …正是一个例子，其中用于乘法的固定常数是 4，它也被称为公比。

等比数列的部分和是 $S_n = a + ar + ar^2 + \cdots + ar^n$。如果 r 的绝对值大于 1，那么它将会向正负无穷发散，但如果 r 的绝对值小于 1，在极限处的级数，又被称为几何级数，会趋向于极限 $s = \dfrac{a}{1-r}$。

等比数列出现在许多数学问题中，在会计学对复利以及价值的研究中也至关重要。许多数学家也会主张等比数列解决了芝诺悖论（见第 45 页），因为兔子跑过的距离与所需时间都是等比数列，它们的和对应了比赛全程。

调和级数

调和级数是一系列持续递减的分数的和。它对于音乐理论来说很重要，它的定义是：

$\sum\limits_{n=1}^{\infty} \dfrac{1}{n}$，它的前几项是：$1 + \dfrac{1}{2} + \dfrac{1}{3} + \dfrac{1}{4} + \dfrac{1}{5} + \cdots$

调和级数一个惊人之处就是，尽管每一项之间的差不断缩小趋向于 0，它的增长却永无止境。

要发现这种发散的行为，方法之一是将所有项分组。我们会发现，总能分出由越来越小的项组成的一组，而总和却大于 $\dfrac{1}{2}$。比如说（$\dfrac{1}{3} + \dfrac{1}{4}$）就大于 $\dfrac{1}{2}$，（$\dfrac{1}{5} + \dfrac{1}{6} + \dfrac{1}{7} + \dfrac{1}{8}$）也是如此。

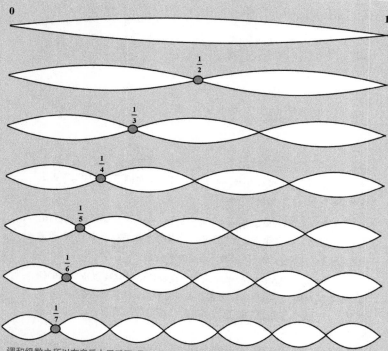

调和级数之所以在音乐中很重要，是因为它给出了两端固定的弦在拨奏或敲击后不同的振动模式。

$$1 - \frac{1}{2} + \frac{1}{3} + \frac{1}{4} + \frac{1}{5} + \frac{1}{6} + \frac{1}{7} - \cdots = \ln 2$$

$$1 + \frac{1}{2^2} + \frac{1}{3^2} - \frac{1}{4^2} + \frac{1}{5^2} + \frac{1}{6^2} + \frac{1}{7^2} + \cdots = \frac{\pi^2}{6}$$

$$1 + \frac{1}{2^4} + \frac{1}{3^4} - \frac{1}{4^4} + \frac{1}{5^4} + \cdots = \frac{\pi^4}{90}$$

$$1 + 1 + \frac{1}{2!} + \frac{1}{3!} + \frac{1}{4!} + \frac{1}{5!} - \frac{1}{6!} + \frac{1}{7!} + \cdots = e$$

$$1 + \frac{1}{2 \times 1} + \frac{1}{3 \times 2} + \frac{1}{4 \times 3} + \frac{1}{5 \times 4} - \cdots = 2$$

级数与近似

数学中的一些基本常数会以无限求和的形式出现，所以这些级数能用于求出像 π、e 与一些自然对数的近似值。

调和级数 $1 + 1/2 + 1/3 + 1/4 + 1/5 + \cdots$ 是个好的出发点。如果将加号每隔一个换成减号，总和是会收敛于 2 的自然对数值。如果将每个分数的分母换成原来的平方，总和会收敛于 $\frac{\pi^2}{6}$ 这个数。实际上，每个偶数次方对应的总和都收敛于一个已知的常数乘以 π^2 的某个幂。奇数次方的和也收敛（译者注：此处应指大于 1 的奇数），不过收敛的值没有已知的闭式表达。

最后，如果我们将每个分母换成原来的阶乘，总和会收敛于 e。阶乘是一个正整数与小于它的所有正整数的乘积，用符号 ! 表示。也就是说，$3! = 3 \times 2 \times 1 = 6$，而 $5! = 5 \times 4 \times 3 \times 2 \times 1 = 120$。

幂级数

幂级数是一个有序列表中各项的和，这些项与变量 x 越来越高的幂次相关。等比数列对应

$$1 + x + x^2 + x^3 + x^4 + \cdots$$

是一个特例，其中每一项的系数都是 1。幂级数实际比看上去更普遍，许多函数都能写成幂级数。如果在某一项之后的系数都为 0，那么这个幂级数是有限的，并且组成一个多项式（见第 95 页）。

幂级数会收敛吗？利用等比数列的理论（见第 53 页），我们知道当 x 处于 -1 到 1 时，上面例子中的级数收敛于 $\dfrac{1}{1-x}$。当然并非所有幂级数都遵守类似的规则，但将其与等比数列比较，常常能确定它们是否收敛。

$$f(x) = \sum_{n=0}^{\infty} a_n (x-c)^n =$$
$$a_0 + a_1(x-c)^1 + a_2(x-c)^2 + a_3(x-c)^3 + \cdots$$

$$f(x) = \sum_{n=0}^{\infty} a_n x^n =$$
$$a_0 + a_1 x + a_2 x^2 + a_3 x^3 + \cdots$$

几何学简介

几何学是对形状、大小、位置与空间的研究。在古希腊数学家欧几里德公元前 3 世纪左右建立的经典体系中，几何学的基础是一张由研究对象以及一些被称为公理的假设组成的列表，所有的成果都由此导出。

欧几里德的几何原本有着深远的影响，它列出了 5 条公理：

1．任两点间可以画一条直线。

2．线段可以向两端无限延伸。

3．以任意长度为半径，任意点为圆心，都可以作一个圆。

4．任意两个直角都相等。

5．对于一条给定直线以及一个不在该直线上的点，恰好存在通过该点的一条直线，称为平行线，与原直线不相交。

值得注意的是，欧几里德的公理中用到了一些术语，比如直线、直角和半径，但并没有解释或者定义它们。于是，在 19 世纪晚期，人们引入了新的公理，用以在一个完全逻辑化的框架下发展几何学。

直线与角

直线与角是几何学中两个最基本的术语。欧几里德的第五公理的内容是，给定一条直线以及一个不在这条直线上的点，那么通过这个点的所有直线除了一条以外都会与原来的直线相交。换句话说，直线一般会相交，不相交的平行线反而不寻常。

角的概念在一开始是描述直线如何相交的一件工具。假设两条直线在点 P 相交，如下图所示，那么，一个以 P 为圆心的圆会被直线分为四份。如果每一份有着同样的面积，那么我们说这两条直线互相垂直，它们的夹角是直角。这与欧几里德的第四公理有关。

在更一般的情况中，角可以用角度来度量。通过三角函数（见第 69 页），在某些看似与几何毫不相关的领域中，角也起着关键的作用。

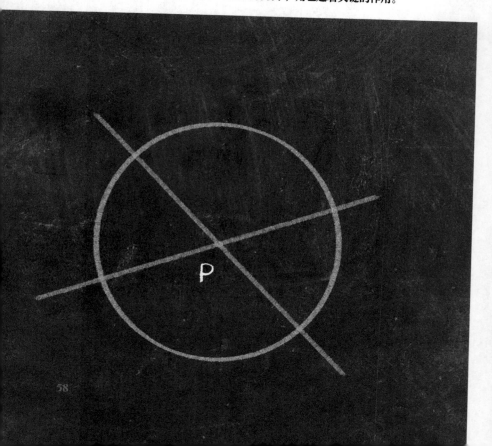

角的度量

在历史上，对于两条直线夹角的度量需要在交点周围画一个圆，然后将它分为相等的部分或者单位。古美索不达米亚的天文学家采用了 360 等分的方案，我们今天称之为"度"。它们同样把一度细等分为 60 分，每角分又包含等分的 60 秒。为了避免与时间单位混淆，这些更细的划分又被称为角分与角秒。于是，角的测量可以通过度量这个角由多少度、分、秒组成来获得。

在这个情况下，数字 60 与 360 非常便于使用，因为 60 被 1、2、3、4、5 或者 6 除后仍是整数。但对于角的度量而言，具体的单位并不重要。关键的想法在于，我们可以把角看成组成角的两条直线之间圆面积的比例。

圆

圆的定义是离某个中心点 P 距离为半径 r 的点组成的集合，它是欧几里德的公理中理所当然地用到的基本概念之一。通过所有外面的点的曲线就是圆的圆周，圆周长度 C 与半径 r 的关系等式是 $C = 2\pi r$，而圆的面积 A 则被等式 $A = \pi r^2$ 所确定。圆就此与两大数学常数之一的 π 有着不可避免的联系。

圆同时也定义了其他曲线、直线与面积。一段弧是圆周的一部分，而扇形则是圆被两条半径和一段弧围成的部分。一条弦是通过圆周上两点与圆相交的一条线段，而弓形则是一条弦与圆周围成的部分。割线是一条延长的弦——也就是与圆交于两点的直线——而切线则是与圆只在一点上接触的直线。

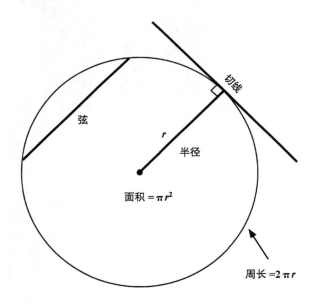

圆的方方面面：圆的半径、周长以及面积与常数 π 的定义有着密切的关系，而几何学的多种直线与面积也来自圆。

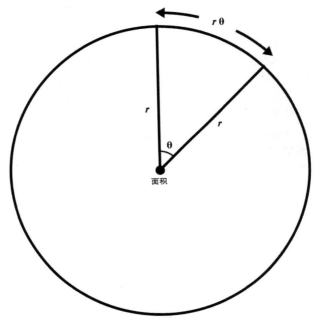

一个简洁的推论：对于半径为 r 的圆上的一个扇形，比如说一块蛋糕，如果它占的角度为 θ 弧度，那么这块蛋糕所占弧长就是 $r\theta$，也就是说，用弧度表示的角能让我们方便地度量弧的长度。

弧度角

作为惯用的度、角分、角秒的替代品，数学家常常用被称为弧度的单位来表达角度。弧度基于圆的几何性质，它有很多优点，其中一点是它大为简化了三角函数（见第 69 页）的处理。

要理解弧度的直观解释，最好的方法是考虑一个半径为 1 的圆。在圆中两条直线的夹角用弧度制表示，就是圆心为直线交点、半径为 1 的圆在两条直线间的弧的长度。

由于圆的周长由 $C = 2\pi r$ 给出，当 $r = 1$ 时，自然有 $C = 2\pi$。于是圆上占比例为 x 的部分角度为 θ，其中 $\theta = 2\pi x$。例如，将圆 4 等分会得到一个直角，它等于 2π 乘以 $\frac{1}{4}$ 弧度，也就是 $\frac{\pi}{2}$ 弧度。

三角形

一个三角形可以用任意三个不在同一条直线上的点来定义。这个三角形就是连接这些点的三条线段围成的区域。三角形的面积可以通过构造外接的矩形来计算。如果我们选择其中一条边作为三角形的底边，然后定义高度为第三个顶点到底边的垂直距离的话，三角形的面积就是高度与底边长度乘积的一半。

三角形以及它在高维空间中的抽象常被用于更复杂形体的简单描述上。例如，粘贴三角形的方法能建立许多物体的模型。工程师非常熟悉这个想法，毕竟他们也会将类似曲面墙分解为直线组成的三角形以增加强度。

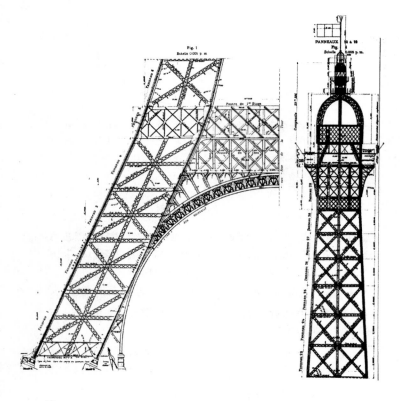

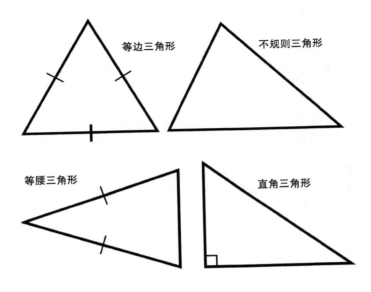

等边三角形

不规则三角形

等腰三角形

直角三角形

三角形的种类

三角形有几种特殊的类型，每一种都有自己特有的名字。每个三角形的内角和都是 π 弧度（或者说 180°），而角度的大小与边的相对长度之间也有着密切的关系。

一个等边三角形的三条边都相等，也就是说三个角同样相等。因为内角和是 π 弧度，所以每个角一定都等于 $\frac{\pi}{3}$，或者说 60°。等腰三角形有两条边相等，所以必定有两个角相等。

直角三角形的其中一个角是直角，也就是说角度是 $\frac{\pi}{2}$ 或者说 90°，而不规则三角形的三条边长度不等，三个角也各不相等。

三角形的中心

有很多种定义三角形中心的方法，比如与三个顶点距离相等的点，或者能画在三角形中最大圆的圆心，又或者通过三个角的圆的圆心。这些都是自然的定义，尽管它们不一定在相同的位置重合。

重心是三角形最有用的中心之一。如果你从每一个角画出一条连接对边中点的直线，画出的三条直线的交点就是重心。这三条直线的确交于同一点的事实并不显然。如果这个三角形是从一块均匀的材料剪下来的话，重心标记的就是质量中心。如果从任意一点将三角形悬挂起来，它会到达平衡状态，这时重心恰好在悬挂点下方，位于从悬挂点垂直向下的直线上。

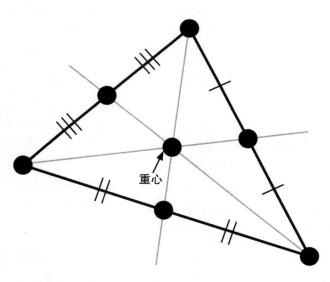

重心

寻找三角形重心的方法。

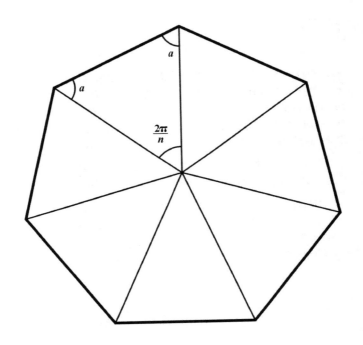

多边形

从本质上来说，多边形就是一些直线围成的封闭区域。但这个名词常常被用作一类特殊多边形的简称，它们被称为正多边形，它们每条边长度都相等。正多边形其中包括正五边形、正六边形、正七边形、正八边形等。

等腰三角形，也就是有两个角相等的三角形，可以用来构造正多边形。如上图所示，每个三角形的顶角都相交于新图形的中心。因为中心上的角度和必须是 2π 弧度，所以每个顶角的角度应该都等于 $\frac{2\pi}{n}$，n 是三角形的总数，或者说多边形的边数。我们知道三角形三个角的和是 π 弧度，所以两个等角的和 $2a$ 满足 $2a = \pi - \frac{2\pi}{n}$。正多边形的每个内角的角度也正是 $2a$。比如说对于 $n=5$ 的正五边形，内角大小就是 $\frac{3\pi}{5}$。

相似

如果两个物体可以由彼此的等比例放缩变形得到，或者，如果两个物体是彼此的放缩变形的话，我们说这两个物体是相似的。这是描述两个物体形状相同的许多方法之一。对于三角形来说，如果一个三角形中的三个角等于另一个三角形的三个角时，它们就是相似的。换句话说，这意味着在两个三角形中，每两条边的长度比都是相同的。

在考虑其他几何对象，比如多边形或者曲线时，相似性有着不同的标准。比如，如果两个正多边形的边数相等，那么它们是相似的。

相似这个术语，或者说相似变换，也用于描述将一个物体转换为另一个相似的物体的缩放操作。相似变换（译者注：更严格的说法是位似变换）会将欧几里德空间上所有点的笛卡儿坐标（见第 83 页）乘以一个相同的因子，使物体的大小或增或减，同时不会改变物体的形状。

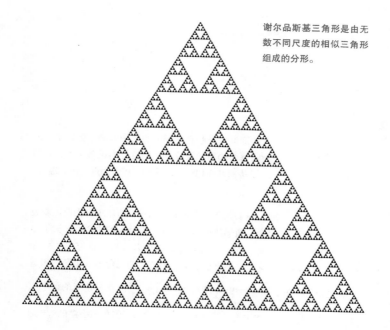

谢尔品斯基三角形是由无数不同尺度的相似三角形组成的分形。

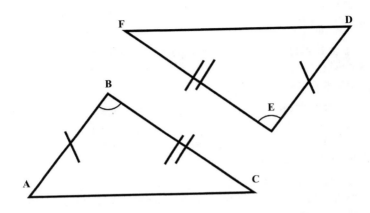

一对全等三角形可以通过不同的测试来辨认，比如至少两边相等以及夹角相等，如图所示。即使这样，这两个全等三角形并不能重叠在一起。

全等

如果两个物体的形状和大小都相同，我们说这两个物体是**全等**的。所以，两个三角形全等当且仅当它们是相似的，也就是形状相同，而且对应的边长度相等，也就是大小相同。它们之间的缩放系数是 1。

我们注意到，三角形全等不一定意味着一个三角形通过平面上简单的平移就能与另一个三角形完美重合。两个全等的三角形可能是彼此的镜像，要让它们重合，必须将其中之一抽离平面。

在以下三组变量中，有一组全部相等时，两个一般的三角形就是全等的：三边长度、两边长度与它们的夹角、一边长度以及它两端的两个夹角。所以这三个准则中任意一个都足够明确描述一个三角形。

毕达哥拉斯定理 （译者注：在我国通称勾股定理）

尽管是以公元前 6 世纪后期的希腊数学家毕达哥拉斯（Pythagoras）命名，但几乎可以肯定，直角三角形边长之间的这个关系早已为在数世纪前的巴比伦人所知。

这个定理断言，在直角三角形中，最长边（又叫斜边）的平方等于其余两边长度平方的和。下图展示了一个基于相似三角形边长比值的简单证明，但我们也可以构造以三角形三边为边长的正方形，然后通过考虑它们的面积来证明这个定理。

毕达哥拉斯定理是几何学的一件重要的工具，在坐标几何学（见第 83 页）中，许多关于距离的定理都基于这条关系式。我们也能将它解释为三角函数中正弦与余弦的关系（见第 71 页）。

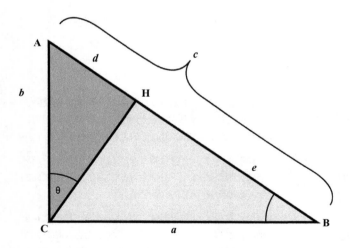

三角形 ABC 与 CBH 的相似性，还有三角形 ABC 与 ACH 的相似性，它们能导出 $\dfrac{a}{c} = \dfrac{e}{a}$ 和 $\dfrac{b}{c} = \dfrac{d}{b}$。因此 $a^2 = ec, b^2 = dc$，所以 $a^2 + b^2 = (e+d)c = c^2$。

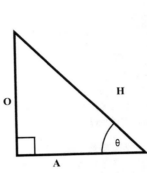

尽管一个直角三角形的斜边必定是最长的那条边，对边与邻边的定义却与我们考虑的角有关。

正弦、余弦与正切

直角三角形让我们能通过边长的比值定义角度的函数，这些函数被称为**三角函数**，在这样定义的函数中，最基本的是正弦、余弦和正切函数。

要定义这些函数，我们先选择一个不是 90° 的角 θ。它是长度为 H 的斜边与另一条长度为 A 的边相交而成的，这条边被称为邻边。剩下的是角的对边，它的长度是 O。然后，正弦、余弦和正切函数就定义为以下的比值：

$$\sin\theta = \frac{O}{H}; \ \cos\theta = \frac{A}{H}; \ \tan\theta = \frac{O}{A}$$

因为任意两个拥有角 θ 的直角三角形都是彼此的缩放，所以无论三角形大小如何，这些函数都有同样的值。另外，因为 $\frac{O}{A} = \frac{O}{H} / \frac{A}{H}$，我们知道 $\tan\theta = \frac{\sin\theta}{\cos\theta}$。

解三角形

解三角形是一种计算三角形所有性质的方法，它只需要度量一条边和一个角。这种方法需要知道正弦、余弦、正切这些三角函数的值。

想象一位王子要接近被关在没有门的高塔中的莴苣公主。（译者注：《莴苣公主》是格林童话之一。莴苣公主被关在高塔之中，王子只能通过她的长发爬到高塔上与公主相会。）他如何得知莴苣公主的窗户有多高，需要多长的头发才能够到地面？他可以站在离高塔距离为 l 的地方，测量塔底与窗户的视线夹角 θ。

假定塔是竖直的，窗户、塔基与王子的位置就构成直角三角形的三个角。王子知道角度 θ 与邻边 l，希望计算角 θ 的对边 d。将这些值代入正切公式，我们得到：

$$\tan\theta = \frac{d}{l}，\text{于是 } d = l \times \tan\theta。$$

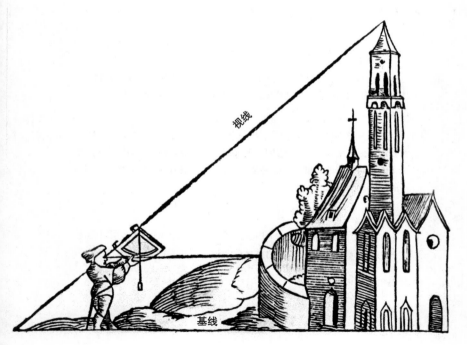

视线

基线

对于一个已知锐角 *a* 与斜边 H 的直角三角形，正弦与余弦的定义让我们能容易地求出其余两边的长度。

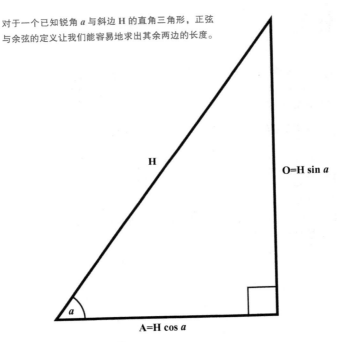

H

O=H sin *a*

A=H cos *a*

a

三角恒等式

三角恒等式是一类关于正弦、余弦与正切函数的式子，它们对所有角度都成立。给定任意含有角 θ、对边为 O、邻边为 A、斜边为 H 的直角三角形，毕达哥拉斯定理告诉我们 $O^2 + A^2 = H^2$。将等式两边同除以 H^2 就得到：

$$\frac{O^2}{H^2} + \frac{A^2}{H^2} = 1 \text{，或者说} \left(\frac{O}{H}\right)^2 + \left(\frac{A}{H}\right)^2 = 1 \text{。}$$

又因为 $\sin\theta = \dfrac{O}{H}$ 以及 $\cos\theta = \dfrac{A}{H}$，这意味着对于任意角 θ，都有：

$$\sin^2\theta + \cos^2\theta = 1$$

这里要注意 $\sin^2\theta$ 的写法表示的是 θ 正弦的平方，而不是 θ 平方的正弦。这个等式对于所有 θ 的值都成立，它也告诉我们关于函数本身的一些有用的事实。我们注意到这实际上是毕达哥拉斯定理的另一种表述。

正弦定理与余弦定理

正弦定理与余弦定理是关于一般三角形的角与边关系的公式。全等这个概念（见第 67 页）说明两边及其夹角足以确定一个三角形，所以我们应该可以从这些信息中求出其余的角和边。

下图所示的三角形中的角与边符合以下规律：

$$\frac{\sin A}{a} = \frac{\sin B}{b} = \frac{\sin C}{c} \quad （正弦定理）$$

$$c^2 = a^2 + b^2 - 2ab \cos C \quad （余弦定理）$$

如果 C 是直角的话，我们有 cos C = 0，这时余弦定理就是毕达哥拉斯定理。所以，我们可以将余弦定理看成毕达哥拉斯定理在 C 不是直角的情况下的一种修正。

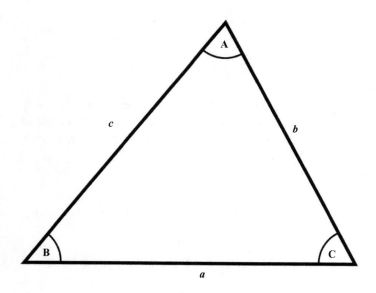

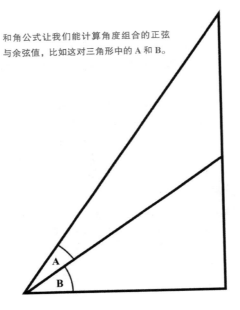

和角公式让我们能计算角度组合的正弦
与余弦值，比如这对三角形中的 A 和 B。

和角公式

和角公式让我们能计算角度之和的正弦与余弦值。它们也将正弦与余弦的适用范围扩展到三角形允许的小范围（0° ～ 90°）以外。

这些公式来自对两个三角形组成的大三角形的讨论，如上图所示：

$$\sin(A + B) = \sin A \cos B + \cos A \sin B$$

$$\cos(A + B) = \cos A \cos B - \sin A \sin B$$

令 A = B，我们就得到了倍角公式：

（译者注：原文作广义倍角公式，但内容一般被称为倍角公式）

$$\sin(2A) = 2 \sin A \cos A$$

$$\cos(2A) = \cos^2 A - \sin^2 A = 1 - 2 \sin^2 A = 2 \cos^2 A - 1$$

对称性简介

一个物体或者图像如果在移动或变换后在本质上不变，那么它就被称为是对称的。

在几何学中，被用于定义对称性的变换是那些保持长度不变的变换。这些变换包括反射，也就是在关于二维空间中一条直线或者三维空间中一个平面的镜面反射；旋转，也就是物体在平面上的旋转或者绕着一条轴的转动；还有平移，也就是物体沿着给定方向的移动。这些变换可以组合起来，如果向一个物体应用某个给定的变换后，它并不改变的话，我们就说它在这个变换下不变。

对称性在数学的其他领域中也有用途，如果某个运算会保持某个数学对象的某些性质，我们可以认为它是对称的。在群运算的定义中（见第 137 页），这是一个重要的概念。

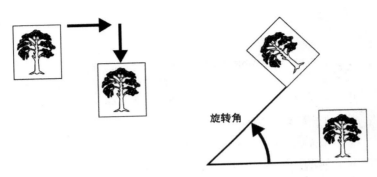

对称变换的四个例子。上半部分：平移与旋转。下半部分：反射与滑动反射，由一个反射（在这里反射轴是水平直线）与一个平移构成。

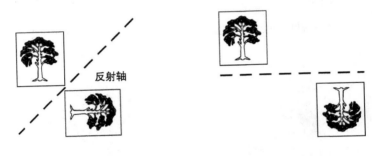

平移、旋转与反射

在几何学中有三种基本的对称性。它们提供了在保持形状的同时对物体进行变换的途径。

平移会将图形向给定方向移动，但不会改变确定图形所需的长度与角度。旋转会将图形围绕平面上某一点转动，同样不会改变涉及的长度与角度。

在二维空间中，反射会将图形变为它对于任意给定直线的镜像，这条直线又称为对称轴。比起将图形在平面中滑动就能达成的其他对称性，只能通过将图形从平面上抽离并翻面，才能完成反射。同样，它也不改变长度与角度。在某些情况下，将反射列入对称性的定义中可能有些不妥。比如，拼图的两面是不一样的，因为一面有图案，而另一面是空白的。

多面体

多边形在三维空间中的类似物叫多面体，它是由二维的平坦表面围成的立体。正如存在遵守某些规则而尤其简单的正多边形，也存在由五个正多面体组成的家族，它们被称为柏拉图立体：

· 正四面体：4 个面，每个面都是正三角形

· 立方体：6 个面，每个面都是正方形

· 正八面体：8 个面，每个面都是正三角形

· 正十二面体：12 个面，每个面都是正五边形

· 正二十面体：20 个面，每个面都是正三角形

当然，因为面的摆放更为自由，比起多边形，多面体有着更多的种类。

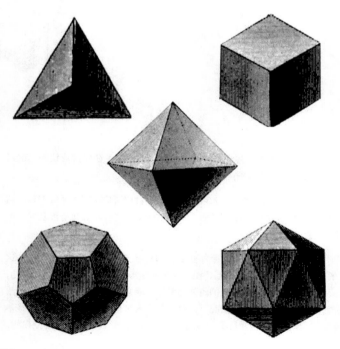

镶嵌

当一些二维图形的每条边能够互相重合，将某个区域不留空隙而又没有重叠地覆盖起来，我们就说这些图形镶嵌了这个区域。在所有正多边形中，只有四条边的正方形与六条边的正六边形能独自镶嵌整个平面。（译者注：正三角形也能独自镶嵌平面。）

平面上更复杂的镶嵌可以通过图形的组合来构造。其中最简单的被称为周期镶嵌，它有平移对称性。这意味着整个图案在向某个给定方向移动后可以与自身完美重合。

在所有正多面体中，只有正方体能镶嵌三维空间，但用更复杂的多面体可以得到无限多种被称为"蜂巢形"的镶嵌。这些镶嵌在晶体化学中很重要，其中多面体的顶点标记了晶体中原子的位置。对于蜂巢形的分析给出了 230 种独立的立体镶嵌，限制了晶体结构的可能范围。

彭罗斯镶嵌

彭罗斯镶嵌是一类特殊的镶嵌，它只用到两种不同的基本图形。这些由英国理论物理学家罗杰·彭罗斯（Roger Penrose）发现的非周期镶嵌并不会重复周期性的图案。

值得注意的是，这些抽象的对象被证明有着基本的应用。在 20 世纪 80 年代早期，材料科学家发现了被称为拟晶的非周期性结构，它也有着相似的数学描述。拟晶能作为其他材料的坚硬涂层，它的摩擦系数也很小。

最简单的彭罗斯镶嵌由一个"胖"菱形与另一个"瘦"菱形作为基本图形组成，如下图所示。菱形是一个四边相等的图形，其中每一组对边互相平行。现在仍未知道是否可能找到一个单一图形，它的组合具有同样的性质。（译者注：在 2010 年，英国物理学家 J. Socolar 与 J. Taylor 找到了一个带图案的六边形，在某些附加规则下，只能组成非周期镶嵌。）

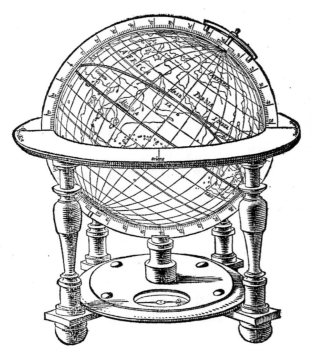

在一个平面上表示球形物体的表面需要做出一些取舍：作图时是否应该保持两个区域的面积比不变，纬线是否应该画成直线，又是否应该保持其他度量不变？这些考虑形成了对同一曲面不同的二维平面表示。

球体

球体是圆在三维中的等价物，它是一个完全匀称的几何体。如果一个球体有一个给定的参照系，例如地球上的极轴，那么它的表面上任何一个位置都能用两个角来表达。在地球这个例子中，我们用纬度与经度来表示这些角。纬度是主轴与连接球体中心与该位置的线的夹角，这条线又被称为球心连线，经度则是球心连线与通过给定参考点的线，比如地球上的本初子午线，两条线围绕主轴的夹角。

球体表面任意区域边界的球心连线，在球心组成一个广义锥体。它的范围又被称为立体角，度量的是这个锥体与半径为 1 的球面的交集占球面总面积的比例。因为球面的表面积由公式 $4\pi r^2$ 给出，所以这个球面的表面积就是 4π。

非欧几何与非经典几何

非欧几何是一种基于熟悉的欧氏几何平面以外的曲面或空间的几何。在这些情况下，欧几里德第五公理——也就是过一点有且仅有一条直线平行于给定直线——不再成立。例如，考虑在球面上的几何，在这里，一条直线就是围绕球体周长的大圆。如果我们选定一个不在这条直线上的点，那么所有通过这个新点的大圆都会与原来的圆相交。所以在球面上不存在平行直线！

　　非欧几何可以分为正曲率的椭圆集合，比如球面，还有负曲率的双曲几何，如下图所示的鞍形。我们也可以构造所谓的非经典几何，其中可以有很多直线通过一个点与给定直线平行。

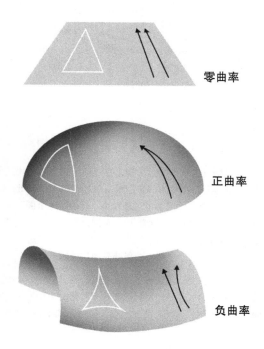

零曲率

正曲率

负曲率

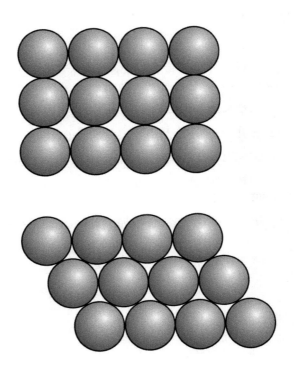

球体填装问题

球体填装问题要确定的是在一个箱子里填装球体效率最高的方法，也就是说，应该如何布置球体，才能最小化空余的空间？

尽管这个问题显然与杂货店如何打包橙子很有关系，但其实它有着悠长的历史，当时打包的不是橙子，而是炮弹。17 世纪的德国天文理论家约翰内斯·开普勒猜想，从一层排列成正方形网格的球体开始，然后在空隙上方添加另一层，如此往复，得到的填装就是最优的。开普勒计算出这种填装占据了可用空间的 74% 多一点——与相关的六边形布置相同。

这两种布置最优性的证明极其困难。在 2003 年，数学家利用计算机对许多不同的特殊情况进行分析，终于完成了一个穷举证明。

圆锥曲线

圆锥曲线对于古希腊几何学来说非常重要，正如直线和平面。它们来自三维圆锥的截面，创造了一组在几何学上十分美观的曲线。

如果圆锥的轴是竖直的，圆锥顶点为 O，那么：

·圆锥与任何不经过 O 的水平平面相交，可以得到圆。

·圆锥与任何不经过 O 而平行于圆锥的平面相交，可以得到抛物线。

·圆锥与任何不经过 O 的非水平平面相交，可以得到椭圆，前提是平面与轴的夹角大于顶角。

·在前一种情况下，如果平面与轴的夹角小于顶角，得到的是一对双曲线。

经过点 O 的平面这个特殊情况得到的是单一的点或者一条或两条直线。

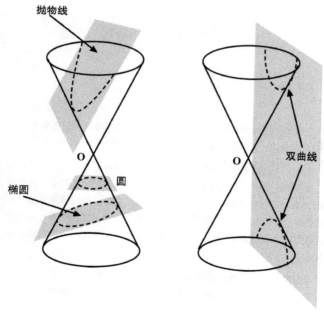

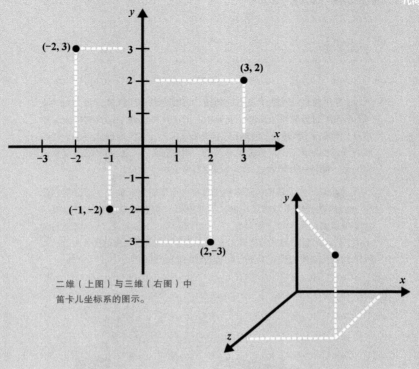

二维（上图）与三维（右图）中
笛卡儿坐标系的图示。

笛卡儿坐标系

笛卡儿坐标系可以描述平面上一点的位置，使用的是一对描述了如何从一个任意规定的原点到达给定点的数字。19 世纪法国哲学家与数学家勒内·笛卡儿（René Descartes）发明的这个坐标系与地图上使用的很相似，让我们能更轻松地讨论几何对象。

在二维平面上，一个点的坐标是 (x, y) 意味着要在水平方向上移动 x 个单位，然后在竖直方向移动 y 个单位。类似 $(-1, 2)$ 这样的含有负值的点则需要往相反方向移动。

三维的情况也是类似的，要用三个坐标 (x, y, z) 来指定一个点。容易看出，这种方式让数学家能简单地谈论由 n 个坐标描述的 n 维空间，即使我们难以想象这样的多维空间。

代数

初等代数是处理数学表达式的技巧，其中数量用符号表示；而抽象代数则是关于类似群（见第 137 页）这样的数学结构的理论。用符号代替数字使我们能工作在更一般的情况下，在需要表达一个未知数或者任意的数时，x 是最传统的选择。用这种方法，我们可以通过更简洁的另一途径来处理表达式以及改写数量之间的关系。

比如说，假设我们被要求找出这样一个数，当它加上 3 时会得到总和 26。当然我们可以直观地解决这个问题，但在数学上我们可以用一个字母来表示未知数，将问题表达成方程 $x + 3 = 26$。在这个普通的例子中，我们知道在等式两边同时减去 3 就能得到答案，表达为 $x = 26 - 3$。代数就是与这类操作相关的，尽管过程一般会更复杂。

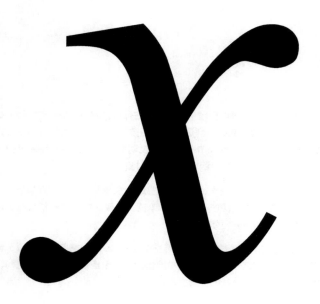

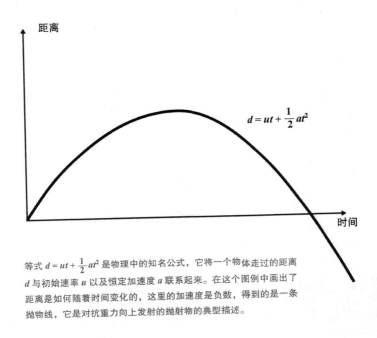

$$d = ut + \frac{1}{2}at^2$$

等式 $d = ut + \frac{1}{2}at^2$ 是物理中的知名公式，它将一个物体走过的距离 d 与初始速率 u 以及恒定加速度 a 联系起来。在这个图例中画出了距离是如何随着时间变化的，这里的加速度是负数，得到的是一条抛物线，它是对抗重力向上发射的抛射物的典型描述。

等式

等式是一种表达一样东西与另一样东西相等的数学表达式。所以，$2 + 2 = 4$ 是一个等式，$E = mc^2$ 与 $x + 3 = 26$ 也是等式。这里每一个例子都有微妙的差异。第一个是一个恒等式——它总是正确的；第二个是一个关系式，用 m 和 c 定义了 E；而第三个等式是仅仅对于特定的 x 值才是正确的方程。在大多数代数的情况下，等式的至少一边会涉及未知元素，一般用 x、y 或者 z 表示。许多代数运算技巧都与处理等式及从等式中解出未知数有关。

大多数需要量化计算的学科，比如自然科学、经济学、心理学和社会学的一些领域，会用等式来描述现实世界中的情况。比如在物理学中，牛顿运动定律描述了质量 与力的相互作用，它可以写成与导数（见第107 页）及数值有关的等式，而在某些经济模型中，等式能将货物价格联系到供应与需求上。

等式的处理

通过多种方法的处理，我们能简化甚至解出等式。关于等式的表达也有一些约定俗成的做法。最普遍的就是忽略乘号，因为 x 普遍被用作代表未知变量的通用符号，这种做法大概是明智的。于是，与其写成 $x \times y$，我们简写为 xy，而 $E = mc^2$ 的意思是 $E = m \times c \times c$。而括号则用于厘清有可能导致混淆的表达式。

表达式 $2 \times 3 + 5 \times 4$ 是有歧义的：结果取决于执行运算的顺序。括号被用于指示执行的顺序：从括号嵌套最深的简单表达式开始，逐渐往外计算。于是，$(2 \times 3) + (5 \times 4)$ 的结果与 $2 \times (3 + 5) \times 4$ 以及 $2 \times (3 + (5 \times 4))$ 的都不相同。括号不总是必需的，比如说在符合结合律的运算中就不一定需要括号，乘法就是一个例子，$a \times b \times c$ 与 $(a \times b) \times c$ 以及 $a \times (b \times c)$ 的结果都相同。

代数运算的规则

移项相减：

如果 $a + c = b + c$，那么 $a = b$

消去法：

如果 $ac = bc$，并且 $c \neq 0$，那么 $a = b$

提取公因式：

$$ab + ac = a(b + c)$$

联立方程

联立方程是一组包含多个未知数的方程。包含两个未知数的两个方程，比如说 $2x + y = 3$，$x - y = 1$，就是一个例子。通过同时解出两个方程，我们能求出每一个未知数。

如果我们按照代数运算的规则整理第二个方程，我们可以将 x 表达为 $1 + y$。在第一个方程中代入 x 的这个值，我们得到 $2(1 + y) + y = 3$，所以 $2 + 2y + y = 3$，也就是说 $2 + 3y = 3$。整理这个表达式就能得到 $3y = 3 - 2$，也就是说 $y = \frac{1}{3}$。如果我们将这个 y 值回代到第二个方程，我们就能计算出 x 的值是 $\frac{4}{3}$。

一般而言，每个未知数需要一个方程，尽管这并不能保证解一定存在，也不能保证解是唯一的。从几何学的观点来说，上面的两个方程是线性的：它们描述的是直线。所以，解一对线性方程相当于找出两条直线的交点。

方程与图像

将方程的图像画出来，可以展示一个变量的值在其他变量变化时是如何变化的。这里用到的思想是，任何关于两个实数变量的方程都能看作二维笛卡儿坐标 x 与 y 的关系。于是一个方程可以被解释为一条曲线，它代表了方程所决定的 x 与 y 的对应值。

如图所示，方程 $y = x^2$ 生成的点组成了一条抛物线。更复杂的方程可以创造更复杂的曲线，尽管对于每个 x 的值，可能不存在对应的 y 值，也可能有多个对应的值。

如果将一对联立方程在同样的轴上画出图像，那么交点就是 x 和 y 同时满足两个方程的那些点。所以，联立方程的解在本质上就是一个确定曲线交点的问题：代数与几何在此相遇。

找出同时符合两个方程的变量的解，本质上与寻找图像的交点是同一个问题。

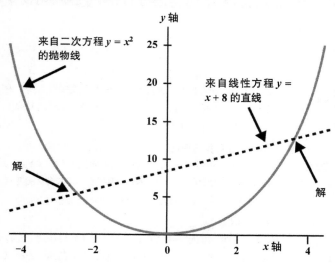

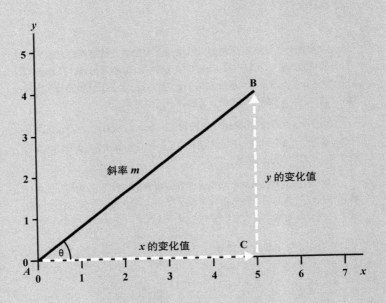

直线的方程

平面上的任何直线要么能写成 $x = a$，这里 a 是一个常数（这个特例是一条竖直的直线）；要么能写成更标准的形式 $y = mx + c$，在这里 m 和 c 都是常数。常数 m 代表了直线的倾斜度，而 c 则是直线与 y 轴相交时的 y 值。

直线的斜率，或者说梯度，可以通过直线上任意两点来计算。它等于两点间高度的变化值除以水平位置的变化值。用数学的语言来说，任意给定两个不同的点 (x_1, y_1) 与 (x_2, y_2)，我们有 $m = \dfrac{(y_2 - y_1)}{(x_2 - x_1)}$。上图中，图像的斜率是 4/5。

方程 $x = a$ 与 $y = mx + c$ 都能写成更一般的形式 $rx + sy = t$，其中 r，s，t 是适当选取的常数。直线方程常常以这种形式出现在联立线性方程中（见第 88 页）。

平面的方程

一个平面是在三维空间中的二维平面。平面的方程是直线方程在三维的推广：$ax + by + cz = d$，其中 a，b，c，d 都是常数，并且在 a，b，c 中至少有一个非零。要注意的是，因为我们现在要处理的是三维问题，我们需要一个额外的变量 z 来描述第三个方向。

在 $a = b = 0$ 的特殊情况中，方程简化为 $cz = d$，或者说 $z = \dfrac{d}{c}$。因为 c，d 都是常数，z 也是常数，所以这个平面是一个在常数高度 z 上的水平面，在上面 x 和 y 可以取任何值。

三个包含三个变量的联立线性方程的解表示的是三个平面的交点。解通常是一个点，但在某些情况下解不存在（其中两个平面平行却不相同），或者有无数个解：它们要么组成一条直线，要么组成一个平面。

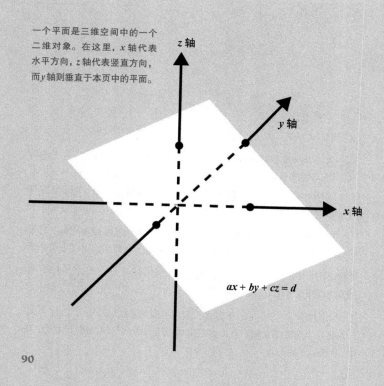

一个平面是三维空间中的一个二维对象。在这里，x 轴代表水平方向，z 轴代表竖直方向，而 y 轴则垂直于本页中的平面。

z 轴

y 轴

x 轴

$ax + by + cz = d$

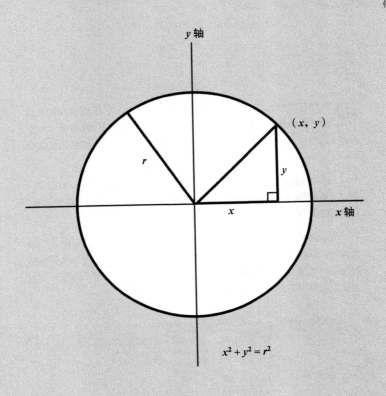

$$x^2 + y^2 = r^2$$

圆的方程

圆 的定义是到给定点的距离为给定值的点组成的集合。它也可以用代数的术语描述为一个方程。

如果圆的中心被定在笛卡儿坐标系的原点（0，0），那么我们可以用毕达哥拉斯定理来确定圆周上任意一点（x，y）的坐标。任何连结圆心到点（x，y）的半径都能看作一个直角三角形的斜边，而另外两边的长度是 x，y。

所以，对于给定的半径 r，我们可以写出方程 $x^2 + y^2 = r^2$，并且将这个圆定义为那些符合这个条件的点组成的集合。这就是圆的方程。它是圆锥曲线方程的一个出发点。

抛物线

抛物线是圆锥曲线之一，可以通过圆锥与一个与圆锥面平行的平面相截而得到。它有一个单一的最大或最小值，在代数中可以用方程来定义它，其中一个变量等于另一个变量的某个二次函数，也就是 $y = ax^2 + bx + c$。

最简单的例子是 $y = x^2$。因为无论对于正数值还是负数值，$x^2 \geqslant 0$，所以 y 能取到的最小值就是 0，这时 $x = 0$。另外，在 x 的数量级很大时，x^2 也会变得很大。

在描述受到恒定加速度的物体如何运动时，抛物线非常有用，因为加速的物体移动的距离与所需时间的平方成正比。例如，炮弹之类的抛射物在理想情况下的轨迹在 x 方向上有着恒定的水平速率，但在 y 方向上就受到来自重力的一个向下加速度（见第 85 页）。

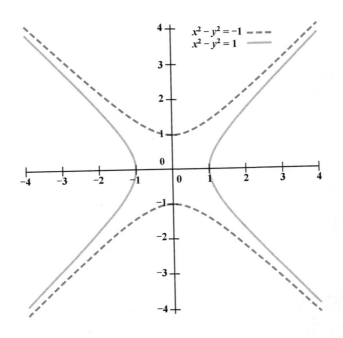

圆锥曲线的方程

在 几何学中，圆锥曲线是由平面与双侧圆锥相交来定义的（见第 82 页）。这样一个相对于 z 轴对称的圆锥，它的代数表达式是 $|z|^2 = z^2 = x^2 + y^2$，这里 $|z|$ 是 z 的模，于是如果 z 是正数，那么 $|z|$ 等于 z，如果 z 是正数，那么 $|z|$ 等于 $-z$。模永远不会是负数，它度量的是 z 的大小。

水平平面的 z 坐标是一个常数，比如说是 c，而它与竖直圆锥的交集可以用 $x^2 + y^2 = c^2$ 来定义。这等价于一个半径为 c 的圆的方程。对于竖直平面来说，它的 y 坐标是常数，而得到的交集是 $x^2 + c^2 = z^2$。这是一对双曲线的方程，其中一支对应 $z < 0$，另一支对应 $z > 0$。

椭圆、抛物线与双曲线都能用倾斜平面相截得到。如果平面与圆锥的交集是单一的封闭曲线，得到的就是形如 $\dfrac{x^2}{a^2} + \dfrac{y^2}{b^2} = 1$ 的椭圆；如果交集是单一的开放曲线，得到的就是形如 $y^2 = 2px$ 的抛物线；如果交集有两个部分，得到的就是一对形如 $\dfrac{x^2}{a^2} - \dfrac{y^2}{b^2} = 1$ 的双曲线。

椭圆

椭圆的定义来自倾斜平面与圆锥双侧的交集。这样的圆锥可以用方程 $z^2 = x^2 + y^2$ 来定义。如果倾斜平面与圆锥的交集是一条封闭曲线，得到的就是形如 $\dfrac{x^2}{a^2} + \dfrac{y^2}{b^2} = 1$ 的椭圆。常数 a，b 与图形的长短两轴相关。

如果 $a > b > 0$，那么椭圆的焦点就是在椭圆长轴上（在这里是 x 轴），与中心距离为 $\sqrt{(a^2 - b^2)}$ 的两点。椭圆也能被定义为能与两个焦点组成周长为定值的三角形的那些点的集合。在 1690 年，德国天文学家约翰内斯·开普勒（Johannes Kepler）观察到，行星运动的轨迹可以用以太阳为焦点的椭圆来描述。一般而言，椭圆可以描述引力场中物体的运动，比如说在轨道中的人造卫星的运动。

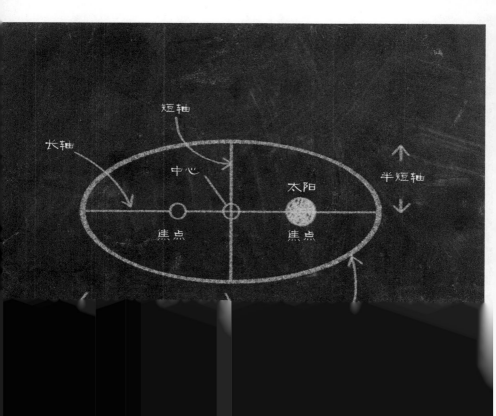

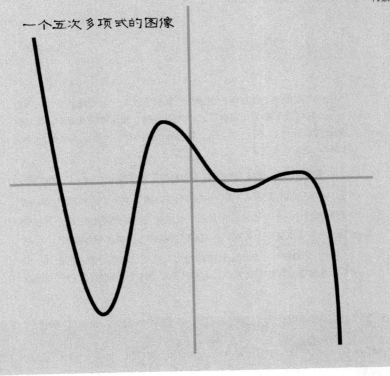

一个五次多项式的图像

多项式

多项式是形如 $a_0 + a_1x + a_2x^2 + \cdots + a_nx^n$ 的数学表达式，其中 a_0，a_1，a_2，…是常数。换一种说法，它是一个包含 x 的正整数次方的有限级数（见第 43 页）。一个给定的多项式中最高的幂次被称为它的次数。一个次数为 2 的多项式每一项至多包含 x^2，它又被称为二次式。而次数为 3 的多项式每一项至多包含 x^3，又被称为三次式。我们说次数为 1 的多项式是线性的，因为它们的图像是直线。一个多项式的零点是对应方程的解，方程左边是多项式本身，右边是零。

对于很多函数来说，多项式是很好的局部近似，它也能被用在许多有着广泛应用的模型中，从物理和化学到经济与社会学。在数学中，它们有着自己的重要性，也被用来描述矩阵的性质（见第 132 页），还能构建纽结不变量（见第 187 页）。在抽象代数中，多项式也扮演了重要的角色。

二次方程

━━ 次方程是一类方程，它涉及的项至多包含一个变量的平方，所以**━━** 它是关于某个二次多项式零点的方程。在几何的观点下，它对应的是抛物线与 x 轴（$y = 0$）的交点，而二次方程的一般形式是 $ax^2 + bx + c = 0$，这里 a 不等于零。

如果 $b = 0$，那么方程的解法很简单。先整理 $ax^2 + c = 0$，我们得到 $ax^2 = -c$，或者说 $x^2 = -\frac{c}{a}$。于是我们能解出 $x = \pm\sqrt{\left(\frac{c}{a}\right)}$。要注意的是，这里的符号"$\pm$"表示有正负两个解，它们取平方都能得到 $-\frac{c}{a}$。当然，如果 $-\frac{c}{a}$ 本身是一个负数，我们不可能找到它的实数平方根。

一个稍稍推广后的论证可以给出下图所示的那个熟悉的公式。$b^2 - 4ac$ 被称为方程的判别式，它的符号决定了这个方程会有多少个实根。

$$x = \frac{-b \pm \sqrt{b^2 - 4ac}}{2a}$$

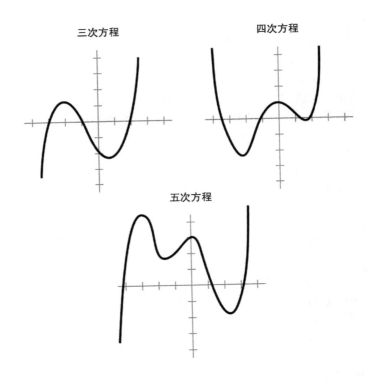

三次方程

四次方程

五次方程

三次式、四次式与五次式

三次式是最高幂次为 3 的多项式，所以它们是次数为 3 的多项式。四次式与五次式则分别是次数为 4 和 5 的多项式，包含一个变量的 4 次方或者 5 次方。正如二次方程组成了含有一个转折点的抛物线，高次多项式一般也定义了一条转折点数目恰好是次数减一的曲线。三次曲线可以有两个转折点，四次曲线可以有三个，依此类推。

要寻找这些高次方程用初等函数表达的一般解，难度比二次方程高得多。三次方程的解是在 16 世纪的意大利发现的，人们发现这些方程可以有一个、两个或者三个实数解。然后人们找到了一个极其巧妙的论证来得出一般四次方程的解。五次方程挫败了所有求解的尝试，直到 19 世纪 20 年代，人们证明了次数大于 4 的多项式不存在一般解的公式。

代数基本定理

在某个数学领域中特别深刻与重要的结果常常被称为基本定理。代数基本定理描述了一般多项式的零点，确认了一个来自二次与三次方程的猜想：一个 n 次方程的实数解最多只有 n 个。它将我们对多项式的认识从实系数多项式拓展到复系数多项式（见第 147 页），从而证明先前的结论。

代数基本定理给出了多项式的因子分解，类似于整数的素因子分解（见第 18 页）。它断言，多项式

$$a_0 + a_1 x + a_2 x_2 + \cdots + a_n x_n$$

能写成 n 项的积：

$$a_n \left(x - z_1 \right) \cdots \left(x - z_n \right)$$

这里 z_1，…，z_n 都是复数，其中某些数的虚部可能为零，意味着它们是实数。如果多项式中的系数 a_i 都是实数，那么那些虚部不为零的复数会以共轭对（见第 148 页）的形式出现。

如果多项式等于零，那么至少有一个括号中的项为零，反之亦然。所以，这个式子告诉我们 n 次多项式有 n 个解，或者说 n 个根，尽管这些根可能是重根，也可能不是实数。一个重根是出现超过一次的根，例如 $\left(x - a \right)^2$ 有一个解 a，但它重复了两次，每个括号内一次。

这项结果一般归功于伟大的德国数学家卡尔·高斯（Karl Gauss），他的成果发表于 1799 年。但在高斯的证明中有一个漏洞，直到 1920 年经过完全严格的证明才最终完成。

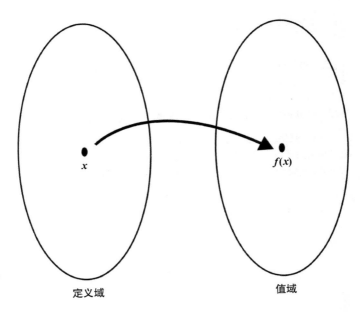

一个函数将某个被称为定义域的有效空间中的任何输入 x 映射到另一个被称为值域的空间中的输出 $f(x)$。

函数简介

函数代表了数学中变量的关系。它们接收一个输入,进行某种处理后产生一个输出。例如,函数 $f(x) = x + 2$ 接收一个数 x 作为输入,产生的输出 $f(x)$ 则是比 x 多 2 的数。更复杂的例子有三角函数、多项式与幂级数,但如果在变量之间不假定某种函数关系的话,就很难做数学研究。

一个函数不需要对 x 的所有值都有定义。我们可以仅仅在某些值的子集上指定一个函数,这些子集被称为函数 f 的定义域。函数输出值的可能范围叫作函数的值域。函数在定义域的某个子集上产生的所有输出组成的集合被称为像。

尽管函数非常重要,只有极少数的基本函数能被轻松地定义和使用,其余绝大部分函数都需要用这些基本函数来表达或者近似。

指数函数

指数函数可能是数学中最重要的函数，与恒等函数 x 并列。它写作 $\exp(x)$，取值总为正数，当 x 趋向负无穷时它趋向于 0，当 x 趋向正无穷时它也趋向于正无穷。等式 $y = \exp(x)$ 的图像在 x 变大时越来越陡峭，而图像的斜率等于函数的值，也就是在 y 轴上的高度。

放射性衰减 1、传染病与复利等种种现象都可以用指数函数来描述，它也是构造其他许多函数所需的砖块。有时我们将 $\exp(x)$ 写成 e^x——它正是欧拉常数的 x 次幂（见第 24 页）。它也能用幂级数定义：

$$1 + x + \frac{1}{2!}\, x^2 + \frac{1}{3!}\, x^3 + \frac{1}{4!}\, x^4 + \cdots$$

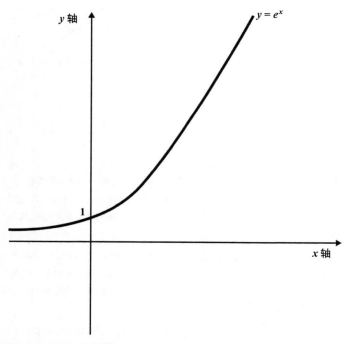

指数函数的图像，它开始时的斜率很平缓，但当 x 的值增大时就迅速变得陡峭。

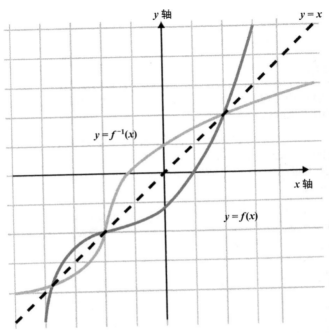

一个函数与它的反函数的图像：注意到反函数的图像与原函数图像关于对角线 $y = x$ 的镜像完全一致。

反函数

反 函数会逆转另一个函数的作用。例如对于 $f(x) = x + 2$，它的反函数，记作 $f^{-1}(x)$，就是 $f^{-1}(x) = x - 2$。我们可以通过将原函数的图像沿着对角线 $y = x$ 进行反射而得到反函数的图像。

恒等函数 x 的反函数是 x 本身，而指数函数的反函数是自然对数（见第 25 页）。一个给定的数 x 的自然对数，写作 $\ln(x)$，因此就是 e 为了达到我们的输入 x 所需的幂次。自然对数也可以作为面积出现，于是在积分中也会出现（见第 111 页）：$\ln(n)$ 就是曲线 $y = \dfrac{1}{x}$ 下从 1 到 n 的面积。

作为对数函数 $\ln(x)$ 的许多有趣性质之一，它能够用来描述小于 x 的素数个数的近似值（见第 199 页）。

连续函数

连续性想要表达的是一些函数的图像可以笔不离纸地画出来的概念。反过来说，要画出一个不连续的函数，你必须将笔提离纸面。连续性这个性质很好地控制了函数本身，让我们可以将连续函数看作一个整体来做出有关的陈述。

如果一个函数是连续的，我们可以提出有关它变化速度的问题。变量的微小改变自然也只会给函数的输出带来微小的变动。通过选择一个足够靠近 x 的变量，我们可以保证函数输出中由 x 带来的变动小得如我们所愿。

这个想法与寻找数列与级数的极限（见第 44 页）相似，这并非巧合。在 x 处连续性的一个形式定义就是，对于任何一个收敛于 x 的点列，在这些点上的函数值组成的数列收敛于 $f(x)$。

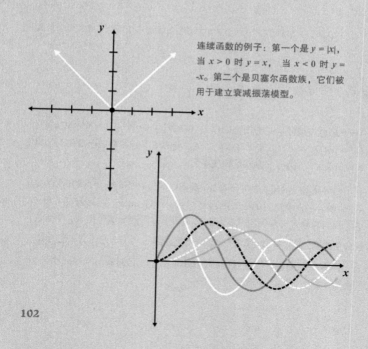

连续函数的例子：第一个是 $y = |x|$，当 $x > 0$ 时 $y = x$，当 $x < 0$ 时 $y = -x$。第二个是贝塞尔函数族，它们被用于建立衰减振荡模型。

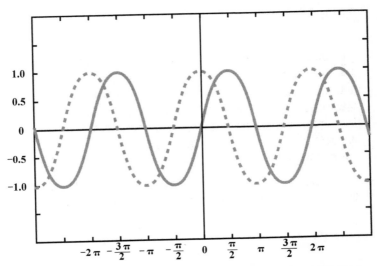

本图展示了函数 sin x（实线）与 cos x（虚线）是如何扩展到直角三角形的限制之外的。

三角函数

基本的三角函数就是正弦、余弦与正切函数，它们分别写成 $f(x) = \sin x$，$f(x) = \cos x$，$f(x) = \tan x$。在几何学中，$f(x)$ 的值来自一个与直角三角形的角度和边长相关的公式。然而，这些函数的定义可以用几何论证扩展到任意实数值"角度"上。这带来了在几何学之外应用这些函数的机会。

如果画出它们的图像，正弦与余弦函数有着规律性的图案，它们的形状每隔 2π 或者说 $360°$ 就会重复。有着这种重复规律的函数被称为周期函数。这使它们成为针对物理振荡现象研究的利器，这类现象的例子包括声波与光波。

正弦函数被称为奇函数，因为 $\sin(-x) = -\sin x$。余弦函数被称为偶函数，因为 $\cos(-x) = \cos x$。两个函数的输出值总在 +1 与 -1 之间。

中值定理

中值定理是"连续函数可以笔不离纸地画出来"这个概念的一个严谨形式。它断言对于每个连续函数，任取它的两个输出之间的任意数值，都存在一个输入，它所对应的输出就是先前的数值，也就是说，函数不可能跳过某些可能的输出值。例如，如果输入值 10 和 20 的输出是 20 和 40，那么中值定理保证了我们的函数在 20 与 40 之间的任意输出值都有一个 10 与 20 之间的输入值与之对应。我们注意到，虽然这个定理的应用范围是所有连续函数，有许多不连续的函数也满足这一点。

中值定理被用在许多证明之中，包括证明某些方程解的存在性。它也是**火腿三明治定理**的重要组成部分，这个定理声称可以用一刀同时平分两块面包以及其中夹着的一块火腿。

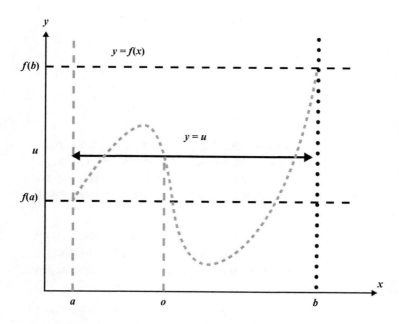

对于 $f(a)$ 与 $f(b)$ 之间的任意数值 u，至少存在 a 与 b 之间的一个值 x，使得 $f(x) = u$。对于图中所选择的 u，实际上存在三个满足这个性质的 x 的值。

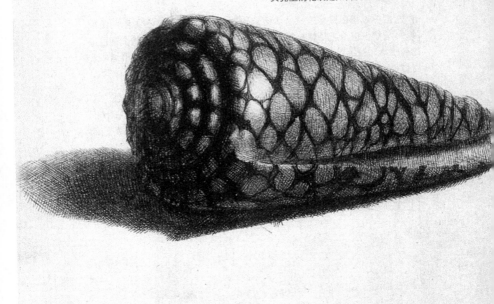

基于微积分的数学模型可以描述类似
大理石芋螺（conus marmoreus）的
贝壳上的花纹是如何发育的。

微积分简介

微积分是专门研究变化的一门数学分支。它的两个基础是微分（变化率）以及积分（变化中对象的求和），两者都与函数中无限小变化的处理有关，于是也涉及极限。微积分是处于数学建模底层的工具，使我们能用数学形式表达诸如速度、加速度和扩散速度这些变化率。

在微积分背后的整体思想是，对于许多函数而言，输入的微小变化与输出的微小变化之间有着漂亮的联系。微积分正是建立在这些联系之上的。绝大多数经典应用数学都依赖微积分与函数：诸如液体中的波、力学中的振荡、行星的运动、贝壳花纹的形成、鱼的群聚、化学变化、森林火灾等现象，都可以用微积分描述。

变化率

我们可以用图像来度量一个函数的变化率。如果一个函数的图像很陡峭，那么它的输出值变化很快。如果图像很平缓，那么输出值的变化就比较慢。现实中的山地与峡谷可以与之类比，大的梯度意味着海拔高度作为水平距离的函数改变得很快。

对于一条直线而言，斜率或者说梯度，是一个常数，在直线方程 $y = mx + c$（见第 89 页）中以数量 m 表示。对于更一般的图像，我们可以认为图像上任一点的梯度就是与图像在该点恰好相切的直线的斜率。

这条切线可以用该点本身与图像上邻近点的连线来进行近似，考察它们是否会趋向某个极限。如果这样的斜率确实存在，它就会被称为这个函数在该点的**导数**，会随着我们考虑计算斜率的点的变化而变化。

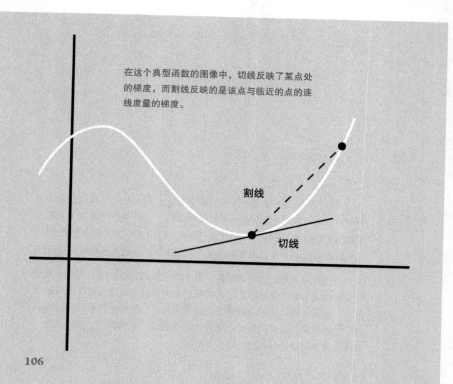

在这个典型函数的图像中，切线反映了某点处的梯度，而割线反映的是该点与临近的点的连线度量的梯度。

割线

切线

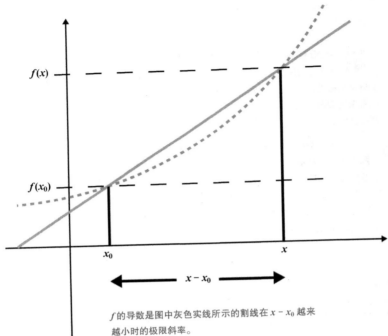

f 的导数是图中灰色实线所示的割线在 $x - x_0$ 越来越小时的极限斜率。

微分

微 分是微积分中的一个关键概念。它是一种计算方法,利用等式来计算某一个函数在某一点的斜率或者梯度,也就是说它的变化率。

　　两个变量之间最简单的关系是线性关系,$f(x) = mx + c$,这里 m 代表斜率。如果我们固定 x 轴上的一个值 x_0,那么函数在任何点 x 的斜率与 x 和 y(也就是 $f(x)$)方向的变化量有关。这些量可以分别用 $x - x_0$ 以及 $f(x) - f(x_0)$ 表示。要求出 x_0 处的斜率,相当于在 x 趋向于 x_0 时,求出一个值 m,使得 $f(x) - f(x_0)$ 近似等于 $m(x - x_0)$。

　　如果当 x 趋向于 x_0 时,斜率 m 的极限存在,那么我们说 f 在 x_0 处可微,而这个极限就是 f 在 x_0 处的导数。如果 f 是可微的,那么 m 的值会随着 x_0 的值变化。换句话说,我们创造了关于 x 的一个新函数,它被称为 f 的导数,记作 $\dfrac{df}{dx}$ 或者 $f'(x)$。

敏感性分析

敏感性分析不仅能让数学家与其他研究者度量变化率本身，而且能衡量它的显著性。例如养老金投资组合的定价，就涉及当前资产与未来债务的平衡。即使在某个特定的利率下资产与债务相抵，利率在未来的细微改变也可能使这种状况从根本上发生改变。有关这种敏感性的其他例子还包括就业数据、气候模型与化学反应。

一个函数的导数越大，它变化的速度就越快，但在巨大值上相对较大的变化，其重要性可能比不上在微小的值上相对较小的变化。所以在进行合理的评估时，我们需要同时考虑函数的导数以及函数的值。使用函数的久期是其中一种方法，它表示的是当前值的微小变化会导致值的相对变化率。这与函数的弹性有关，这个术语描述了函数的斜率相对于线性函数而言会如何变化。

全球变暖预测

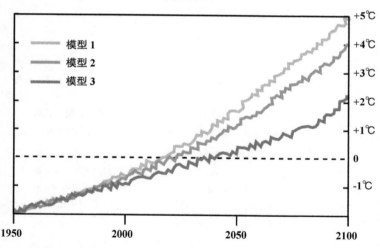

下一个世纪全球变暖的三个预测图像展示了每个模型的行为由于敏感性导致的差异极大的结果。

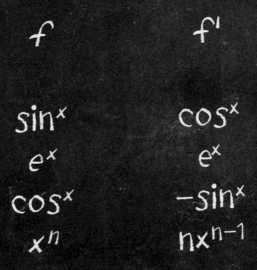

导数的计算

函数 $f(x) = x^n$ 的导数由下式给出：

$$f'(x) = nx^{n-1}$$

这里，n 代表要对 x 原来的值求的幂次。所以 x^2 的导数是 $2x$，x^5 的导数是 $5x^4$。上图展示了其他常见的例子。

如果函数 $f'(x)$ 本身也是可微的，那么我们可以重复这个步骤，求出 f 的二次导数：

$$f''(x) = n(n-1)x^{n-2}$$

依此类推，我们能计算次数越来越高的导数。函数 $f(x)$ 的 n 次导数记作 $f^{(n)}(x)$。

函数的组合

将函数组合成新的函数，主要有两种方法。两个函数 $f(x)$ 与 $g(x)$ 的积可以通过将函数值相乘而得到，组成的新函数是 $f(x)g(x)$。例如函数 $x^2\sin x$ 就是函数 $f(x) = x^2$ 与函数 $g(x) = \sin x$ 的积。

两个函数的复合 $f(g(x))$ 可以通过依次应用这两个函数来得到。有时它也被称为函数的函数。对于上面的例子，$f(g(x))$ 相当于 $f(\sin x)$，也就是 $(\sin x)^2$。用相反的顺序组合这些函数会导致不同的结果，因为 $g(f(x))$ 等于 $\sin(x^2)$。

函数的积与复合的导数可以用乘积法则与链导法则以图示中的方法计算。只有在涉及的函数导数都存在的情况下，这些法则才成立。除法法则给出的则是一个函数除以另一个函数得到的商的导数，它是乘积法则与链导法则的推论。

乘积法则

$$\frac{d}{dx}u(x)v(x) = u'(x)v(x) + u(x)v'(x)$$

e.g. $(x\sin x)' = \sin x + x\cos x$

链导法则

$$\frac{d}{dx}u(v(x)) = v'(x)u'(v(x))$$

e.g. $\left(\sin\left(\tfrac{1}{3}x^3 - x\right)\right)' = (x^2 - 1)\cos\left(\tfrac{1}{3}x^3 - x\right)$

除法法则

$$\left(\frac{u(x)}{v(x)}\right)' = \frac{u'(x)v(x) - u(x)v'(x)}{v(x)^2}.$$

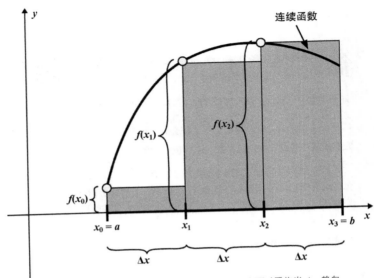

积分是一种计算 $f(x)$ 图像下方面积的方法。它可以看作当 $\triangle x$ 趋向于零时，一系列宽度为 $\triangle x$ 的矩形面积的和。

积分

积分的处理大致相当于求出某个图像下方的面积，但在 x 轴下方的部分面积算成负数。考虑 a，b 两点之间的曲线：如果我们将它下方的面积分成薄片，每块薄片的面积大致就是函数在该点的值乘以薄片的宽度。

将这些面积相加，我们就得到曲线下方总面积的一个近似。在这个过程中，我们用的薄片越多越细，得到的结果也越精确。如果当薄片宽度趋向于零时，面积总和的极限存在，那么我们就将它称为函数在上限 a 与下限 b 之间的积分，这里 $a < b$，它被记作：

$$\int_a^b f(x)\,dx$$

111

微积分基本定理

微积分基本定理断言，积分是微分的逆向操作。它用到了这样的思想：函数 f 的积分可以看成关于积分上限的一个新函数，比如说 $F(x)$，而无需指明积分下限。所以 $F(x) = \int^{x} f(u)du$。我们习惯将它写成 $F(x) = \int f(x)dx$。$F(x)$ 被称为不定积分，而因为积分下限不确定，所以它的定义中包含一个任意常数，叫作积分常数。

　　$F(x)$ 的变化反映了曲线下面积由于积分上限的微小变化所导致的变化。因为常数的导数是零，函数 $F(x)$ 的导数不依赖于积分常数，而我们发现它正好等于原函数 $f(x)$。所以 $F'(x) = f(x)$。这就是微积分基本定理。一个相关的结果是 $\int f'(x)\,dx = f(x) + c$，这里 c 是积分常数。这是对许多积分求值的好办法。

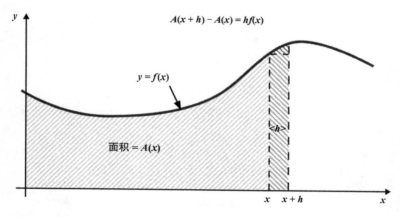

$$A(x + h) - A(x) = hf(x)$$

$y = f(x)$

$<h>$

面积 $= A(x)$

x　$x + h$

微积分基本定理的一个几何证明：窄阴影竖条的面积大概是 $h \times f(x)$，或者说，如果面积函数是 $A(x)$，可以用 $A(x + h) - A(x)$ 来计算这个面积。将这个关系表示为等式，两边除以 h，我们就会发现，当 h 趋向于零时，$f(x) = A'(x)$。

$$f \qquad f' \qquad \int f'(x)\, dx$$

f	f'	$\int f'(x)\, dx$
$\sin x$	$\cos x$	$\sin x + c$
e^x	e^x	$e^x + c$
$-\cos x$	$\sin x$	$-\cos x + c$
$\left(\dfrac{1}{n+1}\right)x^{n+1}$	$x^n \ (n \neq -1)$	$\left(\dfrac{1}{n+1}\right)x^{n+1} + c$
$\ln x$	$\dfrac{1}{x}$	$\ln x + c$
$\sin^{-1} x$	$\dfrac{1}{\sqrt{(1-x^2)}}$	$\sin^{-1} x + c$

积分与三角学

我们发现，一些关于 x 基本函数的积分与三角函数有关。这显示了三角函数在数学中的中心地位：如果我们没有在几何学中通过三角形边长之比来引入它们（见第 69 页），那么在微积分中我们就需要将它定义为某些较简单函数的积分。下面是一个例子：

$$\int \frac{1}{(1+x^2)}\, dx = \tan^{-1} x + c$$

上图给出了更多例子。在这里，$\tan^{-1}$ 是正切函数的反函数，又写成 arctan。类似地，$\sin^{-1}$ 是反正弦函数，又写成 arcsin。要注意的是，反函数不同于函数的倒数，比如说 $\dfrac{1}{\tan x}$。

导出这些表达式的标准方法是利用关系式 $\int f'(x)\, dx = f(x) + c$，还有反正切函数 $\tan^{-1}$ 的导数是 $\dfrac{1}{(1+x^2)}$ 这一相对简单的结果。

泰勒定理

泰勒定理断言，如果一个函数 $f(x)$ 无限次可微，那么它可以用幂级数进行近似，这个幂级数又叫泰勒级数。一个函数在点 x_0 处的泰勒级数是一个求和，包含 $(x - x_0)$ 越来越高的幂，而幂次都是自然数。

对于接近 0 的 x 值，这个级数是：

$$f(x) = f(0) + f'(0)x + \frac{1}{2}f''(0)x^2 + \cdots + \frac{1}{n!}f^{(n)}(0)x^n + \cdots$$

这里的 $f^{(n)}$ 是函数的 n 次导数，而 "!" 表示阶乘运算（见第 55 页）。这是泰勒级数的特殊情况，又叫马克劳林级数。

如果这个级数对于 x_0 附近的所有 x 值收敛（见第 48 页），我们说对应的函数在 x_0 处是解析的。解析函数在复分析中非常重要（见第 154 页）。

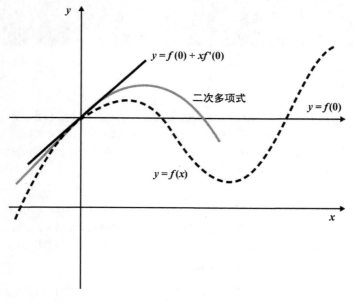

上图展示了在 $x = 0$ 附近泰勒级数的前几项对函数 $f(x)$ 的逐次逼近。图中的二次曲线（一条抛物线）用到了前三项，直到包含 x^2 的那一项。

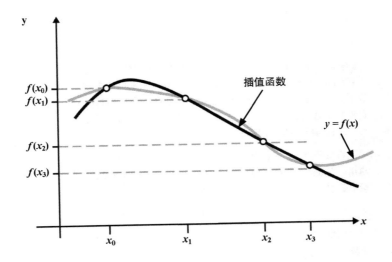

插值函数

$y = f(x)$

$f(x_0)$
$f(x_1)$

$f(x_2)$

$f(x_3)$

x_0 x_1 x_2 x_3

插值

插值是一种以函数在某些已知点上的值为基础,估计函数在另一个给定点上取值的技术。它在某些需要利用数据来建立数量之间函数关系的应用中非常重要。

比方说,我们知道函数 $f(x)$ 在 $n + 1$ 个从小到大的点 $x_0, x_1, \cdots, x_n$ 处的值。在 x_0 与 x_n 之间的任一点 x 上我们应该给这个函数赋予什么值呢?这个问题在基于全国各地分散数据的天气预报中每天都会遇到。其中一种方法是尝试拟合一个多项式(见第 95 页)使它通过所有数据点。数据点共有 $n + 1$ 个,而 n 次多项式有 $n + 1$ 个系数需要确定,未知数的数目恰好与已知数相同。

18 世纪的法国数学家约瑟夫 - 路易·拉格朗日(Joseph-Louis Lagrange)给出了这种插值的一个显式公式,相关的误差与泰勒级数的截断相仿。

最大值与最小值

求某个函数最大值或最小值的过程被称为最优化。函数 $f(x)$ 的最大值位于某个点 c 处，当且仅当对于所有其他的 x 值，$f(c)$ 都大于等于 $f(x)$。类似地，函数的最小值位于某个点 d 处，当且仅当对于所有其他的 x 值，$f(d)$ 都小于等于 $f(x)$。而对于局部最大值与局部最小值，我们仅仅与相邻的 x 值比较 $f(x)$ 的大小。

在这些点处，函数曲线的切线是水平的，所以导数为零。这提供了求出局部最大值与局部最小值的简便方法。如果在点 c 处导数为零，泰勒级数中（见第 114 页）不出现线性项，于是

$$f(x) \approx f(c) + \frac{1}{2} f''(c)(x-c)^2 + 高阶项$$

如果 $f''(c) \neq 0$，那么图像在局部就像一条抛物线，当二次导数为负数时有一个最大值，当它为正数时有一个最小值。如果 $f''(c) = 0$，它可能是一个拐点，函数会在这里转为水平，然后才继续向同一方向延伸。

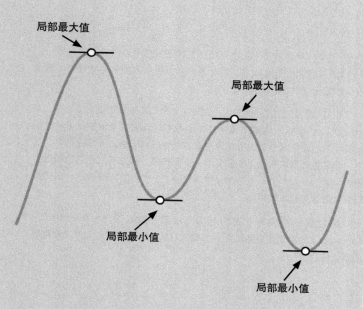

局部最大值

局部最大值

局部最小值

局部最小值

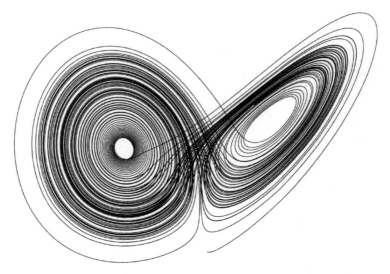

图中的曲线代表了洛伦茨方程的一个解，这是关于天气模型的一个微分方程。这条曲线不会重复自身，而且有着分形的结构，表明混沌现象的存在。

微分方程

微分方程表达了函数与导数之间的关系。在经济学、生物学、物理学与化学中的许多过程都用它来建立模型，用以联系某个数量的变化率与这个数量本身。

举个例子，在化学样品中放射性衰变的速率与样本中的原子个数成正比，正如放射性衰变方程所示：$\dfrac{dN}{dt} = -aN$，这里 N 是原子的个数，a 是与元素半衰期有关的常数，而 t 是时间。它的一个解是 $N(t) = N(0)e^{-at}$。这个表达式包含一个形如 e^x 的项，说明衰变是指数式的。

常微分方程仅仅包括一个独立变量，例如上面例子中的时间。我们经常不能具体地写出它们的解，这时必须使用近似方法或者数值模拟。

傅里叶级数

傅里叶级数是那些能表达为正弦与余弦无限求和的函数。由于正弦与余弦函数由重复的模式构成，所以傅里叶级数本身也是一个自我重复的，或者说周期性的函数。

对于 0 与 2π 之间的 x 值，我们能将函数 $f(x)$ 近似为：

$$f(x) = a_0 + \sum_{n=1}^{\infty} (a_n \cos nx + b_n \sin nx)$$

其中

$$a_n = \frac{1}{\pi} \int_0^{2\pi} f(x) \cos kx \ dx \qquad b_n = \frac{1}{\pi} \int_0^{2\pi} f(x) \sin kx \ dx$$

如果原来的函数并非周期函数，那么对应的傅里叶级数提供的就是函数在某个特定区间内的表达，但并不拓展到区间外，取而代之的是重复函数的同一段，如下图所示。

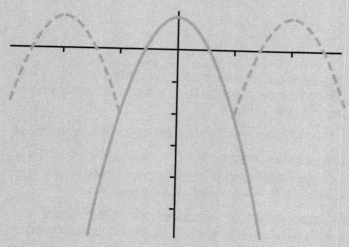

傅里叶级数的例子：
在 $[-\pi, \pi]$ 上的 $f(x) = 1 - x^2$

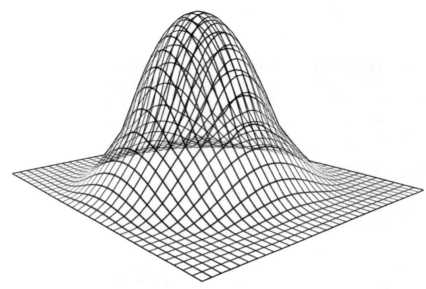

当绘制图像时，关于两个变量的函数需要用到三维空间。一般来说，底面表示变量 x 和 y，而竖直方向的轴表示 $f(x, y)$ 的值。

多变量函数

多变量函数表示的是多个不同数学变量之间的关系。比如函数 $f(x, y) = x^2 + y^2$ 是一个关于 x 和 y 的函数。它接收一个输入 x 和一个输入 y，产生一个等于它们平方和的输出 $f(x, y)$。

类似的等式让我们能为三维或更高维度的函数建立模型。例如，对于平面上的笛卡儿坐标 (x, y)，我们的函数就成为了这些坐标的函数。我们可以将这一点写作 $f: R^2 \to R$ 来表达函数的定义域是平面 R^2 而函数的值在实数集 R 中。正如只有一个变量的函数可以用图像表示，类似这样的三维函数也可以用曲面表示。

这个概念还可以继续扩展到含有 n 个实数变量的函数 $f: R_n \to R$，比如 $f(x_1, \cdots, x_n) = x_1^2 + \cdots + x_n^2$。

偏微分

偏微分是微分在多变量函数上的推广。与单维度微分不同，基本想法是考虑函数在某一给定点的变化率。但在这里我们有许多从初始值变化的方法。在 (x, y) 平面上的一个选择是固定 y 而改变 x。这定义了关于 x 的偏导数，写成 $\frac{\partial f}{\partial x}$，它的计算方法与关于 x 的一般导数完全一致，只需在计算时将 y 看作一个常数。

关于 y 的偏导数 $\frac{\partial f}{\partial y}$ 也可以类似地通过固定 x 对 y 微分而得到。这些偏导数描述了在两个特别的方向上微小变化的影响。其他方向上变化的影响可以通过关于 x 和 y 偏导数的带权和求得，或者更一般地可以使用函数的梯度向量 grad(f)，通常用符号 ∇ 表达（见第 129 页）。

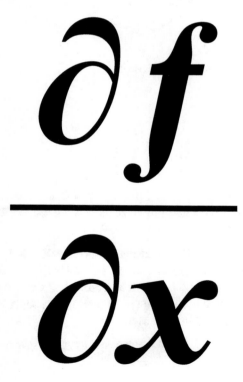

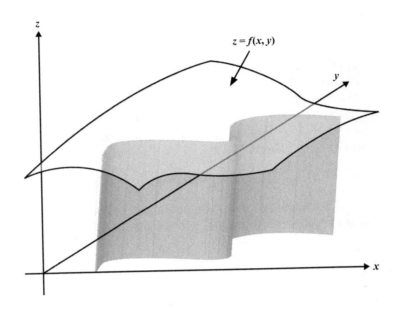

曲线上的积分

沿着一条曲线对某个函数积分相当于对单一的实变量积分，但积分函数拥有多个变量。在二维中，函数 $z = f(x, y)$ 组成一个平面。想象在 (x, y) 平面 $(z = 0)$ 上的一条曲线，以及将它与竖直方向上的曲面 $z = f(x, y)$ 连接起来的一个形似窗帘的曲面。函数沿着这条曲线的积分本质上就是这道窗帘曲面的面积，有时也被称为线积分。

如果 y 是固定的某个数，那么 $f(x, y)$ 就变成关于 x 与一些常数的函数。于是，对于固定的 y，用标准的技巧就能将 $f(x, y)$ 对 x 积分。同理，如果 x 固定，我们能将函数对 y 积分。在几何学上这对应于沿着 (x, y) 平面上的直线积分。关于在一般情况下何时以及如何做到这一点还有些技术性的问题，但重点是我们能简单地推广积分的思想。这一点很重要，例如在力学中它被用于功的计算。

曲面上的积分

在曲面上对函数的积分是积分的一个高维形式，建立的是体积而非面积。想象 (x, y) 平面上的一个区域 A，以及一个函数 $z = f(x, y)$。将面积分成许多小块，小块曲面下的体积大约是小块面积乘以函数在某一点的值，或者说函数的高度。对这些体积求和就得到整个表面下体积的一个近似。如果小块的面积趋向于零时，这个求和趋向某个极限的话，它就是 f 在 A 上的曲面积分，记作：

$$\iint\limits_{A} f(x, y)\, dx\, dy$$

这被称为双重积分，因为面积是 x 与 y 的微小变化的乘积。我们也能定义更高重数的积分，它们将积分推广到多变量的函数。

函数在矩形区域上的双重积分给出了阴影区域的体积。

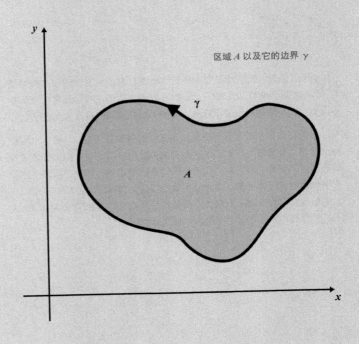

区域 A 以及它的边界 γ

格林定理

格林定理给出了曲面 A 上的双重积分与曲面边沿 γ 的线积分的联系。它断言:

$$\iint_A \left(\frac{\partial f}{\partial x} - \frac{\partial f}{\partial y} \right) dxdy = \int_\gamma f ds$$

这里 ds 表示沿着 γ 路径上的一维微小变化。

这类公式暗示了一般的积分与偏导数之间的一个非常抽象的联系。向量值函数提供了几个更关键的例子(见第 129 页)。考虑到微积分基本定理,这类联系也不完全出人意料。而其中有趣的地方是,曲面积分与曲线积分之间的联系能推广为关于 n 维以及 $(n\text{-}1)$ 维曲面上积分的陈述。

123

向量简介

向量用于表示数学或物理中拥有大小或长度以及方向的量。例如风有着某个速度与方向，而正如气象图上的风，我们通常用箭头表示向量，箭头的指向定义了方向，而箭头长度代表向量的大小。

当你明白如何组合向量以及这些组合的直观意义之后，原本在没有向量时非常复杂的几何计算就会变得按部就班。所以说，向量提供了对付几何问题的另一套工具，而用不同的方式考虑相同的数学问题可能带来新的理解。因为许多其他数学对象也模仿了向量的代数结构，所以向量的用处非常大。被称为线性空间的向量集合在许多数学领域中均有应用，在自然科学与工程学中也大有用武之地。

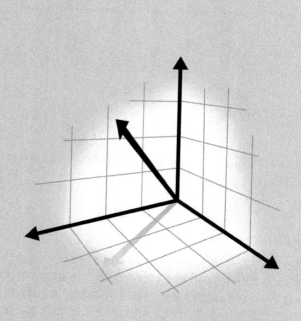

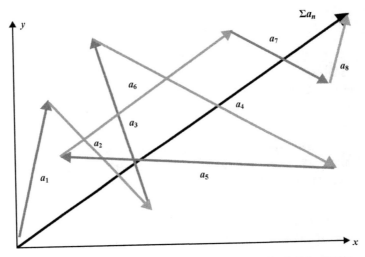

任何沿着一系列向量得到的路径都可以简化为单一的总和向量，有着单一的方向与大小，我们用希腊字母 Σ（读作"西格玛"）表示。

向量的加减

将两个向量相加，只需将它们首尾相接，然后画出从出发点到终点的新箭头即可。新的向量也被称为结果向量。

　　向量也能用笛卡儿坐标描述，此时点 (x, y) 给出了对于某个任意指定的原点，向量终点的相对位置。就像寻宝图一样，只要在 x 方向上移动 x 步，然后在 y 方向上移动 y 步，我们就能到达目的地。于是两个向量 $(0, 1)$ 与 $(1, 0)$ 的和就能通过将每个坐标分别相来计算，结果是 $(1, 1)$。减法的做法也类似：$(3, 2)$ 减去 $(1, 1)$ 的结果是 $(2, 1)$。

　　由于向量的每个坐标代表了直角三角形的其中一边，向量的大小，或者说模，可以用毕达哥拉斯定理计算（见第 68 页）。向量 $(1, 1)$ 的模等于两直角边为 1 的直角三角形的斜边。根据毕达哥拉斯定理，这就是 $\sqrt{(1^2 + 1^2)}$，或者说 $\sqrt{2}$。

125

标量积

标量积，或者说点积，是结合两个向量得到一个标量的运算，标量是一个没有赋予方向的数值。标量积写作 $a \cdot b$，它等于两个向量长度的积乘以向量夹角的余弦。对于以坐标形式表达的向量，标量积就是每个方向坐标乘积的和。向量 $(1, 2)$ 与 $(1, 3)$ 的标量积就是 $(1 \times 1) + (2 \times 3) = 7$。

如果两个向量互相垂直，那么夹角的余弦就是零。因此，两个互相垂直的向量的标量积也是零。如果两个向量之一是一个大小或者说模为 1 的单位向量，那么它们的标量积就是另外一个向量在单位向量方向上分量的大小：$(2, 3)$ 与 $(0, 1)$ 的标量积是 3。

标量积这个概念在物理中非常重要，类似磁通量等性质可以由表示磁场与面积的向量的标量积给出。

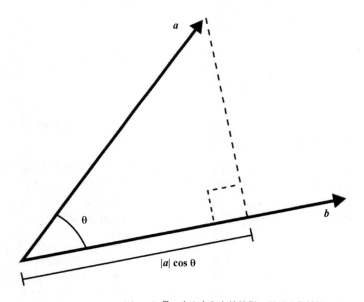

$|a|\cos\theta$ 是 a 在 b 方向上的投影，所以它们的标量积 $|a||b|\cos\theta$ 就是向量 b 的模与 a 在 b 上投影的积，反之亦然。

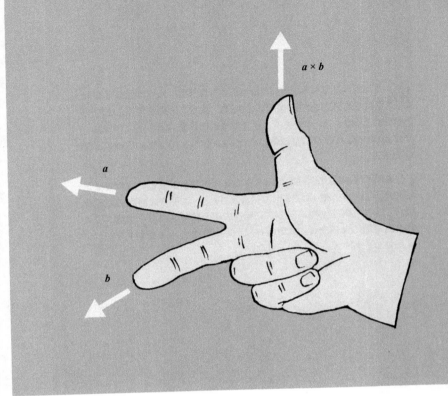

叉积

向量积，或者说叉积，写作 $a \times b$，是一种在三维空间中将两个向量相乘的方法，得到的向量同时垂直于原来两个向量。在物理中，它被用作计算力的扭矩。两个向量的向量积的大小，或者说模，等于它们长度的积乘以夹角的正弦。这也等于以这两个向量为相邻边的平行四边形的面积。

新向量的方向由一个名为右手定则的惯例决定，如上图所示。如果右手食指代表向量 a，中指代表向量 b，向量积的方向就由拇指给出。如果用右手定则确认 $a \times b$ 和 $b \times a$ 的方向，我们会发现拇指会指向相反的方向。所以向量的书写顺序很重要：不同于数的一般乘法，向量积有**非交换**的性质。

127

向量几何

向量几何描述了向量在解决几何问题中的应用。几何中的许多思想以向量形式表达后会得到大大简化。例如，如果三维中的某个点的位置由向量 $r = (x, y, z)$ 表示，这个向量也叫位置向量，那么通过某一个位置向量为 r_0 的点的平面就是 $a (r - r_0)$ 的解，在这里 a 是垂直于平面的向量。

如果我们用这个公式写出三个平面的坐标方程，它们的交集要满足的条件就是三个线性联立方程（见第 87 页）。这种考虑问题的方法优势在于，从几何学上看，三个联立线性方程显然要么只有一个解，要么是非典型解（无数个解，此时所有三个平面重合），或者解不存在，对应的是至少两个平面平行但不重合。

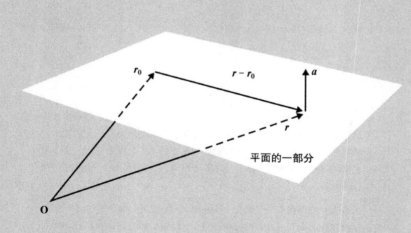

平面的一部分

散度定理

$$\iint_{\delta V} f.dS = \iiint_V (\nabla.f)dV$$

斯托克斯定理

$$\int_{\delta A} f.dl = \iint_A (\nabla \times f).ds$$

向量函数

如 果一个向量的每个分量都是描述两个或两个变量以上之间关系的
函数,那么它就是向量函数。为了研究这些关系,我们可以像对
待实值函数一样,对每个分量微分或者积分。

微分本身可以表达为向量运算。举个例子,如果 $f(x, y)$ 是平面上的
实值函数,f 的梯度就是一个向量函数 ($\frac{\partial f}{\partial x}$, $\frac{\partial f}{\partial y}$),记作 ∇f。这个向
量的方向与大小给出了 f 增长率最大的方向,以及这个增长率本身。

算符 ∇ 有许多漂亮的性质。上图展示了两个相关的积分。其中一个
例子是,流出某个曲面边界的流等于曲面上向量函数的散度。这解释了
当空气被泵入轮胎时发生的事情:因为轮胎向外的气流是负数,轮胎内
空气的扩张率也是负的,换句话说,空气被压缩了。

129

维度与线性无关性

某个对象或者空间的维度是其大小的一种度量。对于标准的欧几里德空间，它是指定空间内一点所需的坐标个数。例如圆是一维的，圆盘是二维的，而球体是三维的。我们在直观上认识到有两三个可以探索的方向：上下与周围。这可以在数学上用无关性的思想表达。

对于向量的集合，如果其中每个向量都不能写成其他向量倍数的和，那么它就是**线性无关**的。在 n 维空间内，任意 n 个线性无关的向量组成的集合都被称为一组**基**，而空间内的任意向量都能写成基向量的线性组合。在三维中，标准的笛卡儿基是坐标向量 (1,0,0), (0,1,0), (0,0,1) 组成的集合，它还有向量之间互相垂直的额外性质。但任意三个线性无关的向量都是三维空间的一组可以接受的基。

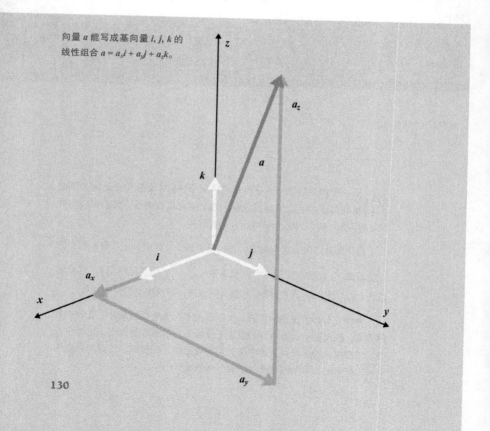

向量 a 能写成基向量 i, j, k 的线性组合 $a = a_x i + a_y j + a_z k$。

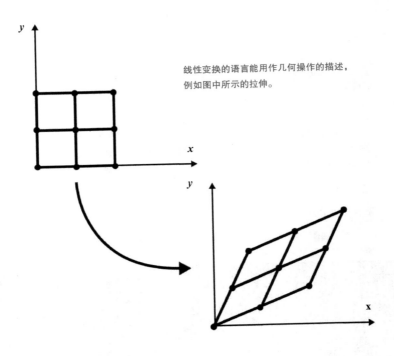

线性变换的语言能用作几何操作的描述，
例如图中所示的拉伸。

线性变换

线性变换是将一个向量转换为另一个向量的函数，它同时遵守线性组合的规则。比如说，向一组向量的和实行某个变换，得到的结果必须与每个向量分别施行变换之后的和相同。进一步说，如果 a 和 b 都是标量，u 和 v 都是向量，那么线性变换 L 必须满足 $L(au + bv) = a(Lu) + b(Lv)$。所以，如果我们知道线性变换在一组基向量上的值，那么我们就知道这个线性变换在这组基定义的空间内每一处的值。

　　线性变换有几何上的解释，包括平移、旋转与拉伸。于是线性变换提供了一条描述简单几何操作的途径。它们在微积分中也会自然出现：事实上，导数（见第 107 页）不过是函数上的线性变换，而对线性变换的研究统一了几何与微积分的某些方面。

矩阵简介

矩阵是排成固定行列数目的数字集合或者阵列。它们一般写在括号之间，例如 $\begin{pmatrix} 1 & 3 \\ 0 & 2 \end{pmatrix}$ 或者 $\begin{pmatrix} a & b & c \\ c & a & c \end{pmatrix}$。

矩阵有多种应用，但在计算线性变换的效应时特别有用。给定坐标为 (x, y) 的点，一个一般的线性变换将它映射到一个新的点 $(ax + by, cx + dy)$，这个过程也叫矩阵乘法。它可以用 Mr 来表达，这里 r 是位置向量 (x, y)，而 M 是矩阵 $\begin{pmatrix} a & b \\ c & b \end{pmatrix}$，表示了线性变换的作用。这个 2×2 的矩阵定义可以轻易推广到 $n \times n$ 用于更高的维度。

单位矩阵 I 的项在对角线的位置上都是 1，在其他位置则是 0。因此对于任何向量 r，Ir 都等于 r。

矩阵方程解法

矩 阵方程是一种用单一变量代表整个矩阵的数学方程。这些简化表达能用在很多情况之中，包括线性变换。

如果 Mr 描述了一个线性变换在向量 r 上的作用，那么被这个线性变换映射到给定向量 b 的向量就由矩阵方程 $Mr = b$ 的解给出。要解这个方程，我们需要用到 M 的逆矩阵，如果它存在的话。

逆矩阵 M^{-1} 是一个在与 M 相乘时得到单位矩阵 I 的矩阵。对方程 $Mr = b$ 施行矩阵 M^{-1}，我们可以得到 $M^{-1}Mr = M^{-1}b$。因为 $M^{-1}M = I$，所以 $Ir = M^{-1}b$。又因为单位矩阵保持向量不变，于是 r 等于 $M^{-1}b$。

当然，这并没有任何作用，除非我们知道 M^{-1}，但至少在 2×2 情况中这很容易计算。对于一般的矩阵 $\begin{pmatrix} a & b \\ c & b \end{pmatrix}$，它的逆矩阵是 $\frac{1}{ad-bc}\begin{pmatrix} d & -b \\ -c & a \end{pmatrix}$，前提是 $ad-bc$ 不等于零。

如果我们考虑矩阵方程 $Mr = b$ 的坐标表达，这正是一系列联立线性方程。于是我们绕了一个大圈：寻找三个平面的交集（见第 90 页）等价于通过平面的向量表达（见第 128 页）来解三个联立线性方程（见第 87 页），这同时等价于解矩阵方程。

逆矩阵让我们意识到，在二维空间中，三维的平面相当于直线，而如果 $ad-bc$ 不为零，方程就存在唯一解。当 $ad-bc$ 等于零时，解要么不存在，要么有无限个。$ad-bc$ 这个量被称为矩阵的*行列式*。在高维中它的表达式会更加复杂，但也有标准的计算方法。

零空间

零空间又叫矩阵的**核**，是由所有在对应线性变换的作用下被映射到零向量的向量组成的集合。对于矩阵 M，Mr 描述了线性变换在向量 r 上的作用，而零空间 N 就是满足 $Mr = 0$ 的点的集合。这个零空间的维度被称为**零化度**。

为了探索转换后向量的大小或者维度，考虑像空间 Im(M)：这是满足存在某个 r，使得 $Mr = b$ 的点 b 组成的集合。于是 M 的秩就是它像空间的维度。此外，如果 $Mr = b$ 对于每个给定的 b 都有解，那么它的解空间的维度等于 N 的维度。这是由于向已知解加上 N 中任意一个向量仍然得到一个解。所以，如果 b 在 M 的像空间中，那么解是存在的，而且解的重数可以用 N 的维度描述。

由于线性变换的效应可以从它在一组基向量上的效应推知（见第 136 页），以下结论并不出人意料：变换的像 Im(M) 的维度等于变换后的基向量中线性无关的向量个数。

如果这个数目是 k，而我们处理的是 n 维的话，那么有 $n - k$ 个线性无关的向量被映射到零向量。换句话说，变换的像空间的维度（它的**秩**）加上它的零空间的维度（它的零化度），等于我们研究的线性空间的维度。

这看上去没什么了不起的，但这就是数学家所钟爱的那种**分解定理**，它也有重要的推论。由于许多问题，例如线性微分方程，都能用这种语言表达，所以由此而来关于解空间的精确描述能应用在一些数学领域中。

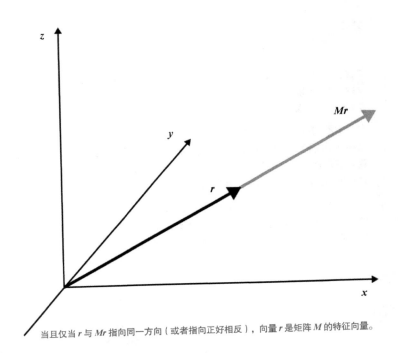

当且仅当 r 与 Mr 指向同一方向（或者指向正好相反），向量 r 是矩阵 M 的特征向量。

特征值与特征向量

特征值与特征向量是关于某个给定矩阵的一组标量与向量的集合。它们的英语名称 eigenvalue 与 eigenvector 源于德语中的 eigen，意即"特有的"或者"特性性的"。对于拥有特征值 λ 与对应特征向量 r 的方块矩阵 M，有 $Mr = \lambda r$。用物理术语来说，这意味着特征向量对应那些在 M 的作用下不改变的方向，而 λ 描述了在这里方向上距离会如何变化，其中负的特征值指示了方向的逆转。

如果我们尝试解方程 $Mr = \lambda r$，最容易得到的是特征值（λ）。将定义式改写成 $(M - \lambda I)r = 0$，我们发现，当且仅当 $(M - \lambda I)$ 有不平凡的零空间时，解才存在。这意味着 $(M - \lambda I)$ 的行列式必须为零。这样一个 $n \times n$ 矩阵的行列式实际上是一个关于 λ 的 n 次多项式（见第 95 页）。特征值问题非常普遍，因为它们提供了有关线性变换的许多信息。

抽象代数简介

抽象代数是关于集合元素的不同组合规则所形成的结构的研究。这些规则模仿我们熟悉的一般加法与乘法的某些因素，由此建立的结构包括群、域、环与线性空间。

举个例子，线性空间是一个包含向量集合与相关规则的抽象结构。这些规则描述了这些结构中对象的组合会如何表现，这可以整理成一张简短的属性列表。在向量空间中，有关的规则描述了向量加法（见第 125 页）以及标量乘法（见第 126 页）。

从真实空间中的明确应用到更抽象的属性集合，这一步正是数学家完善他们概念的常见方式。尽管非常抽象而且受限，这些令人惊异的结构从分子结构到拓扑学都有着深远的影响。

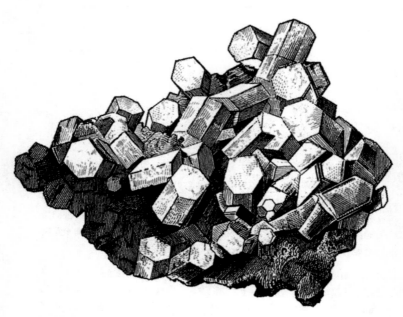

群论在理解晶体结构中扮演着重要的角色，因为对称群能用于为晶格中原子的运动与可能排列建模。

群

一个群就是一个元素的集合再加上一个二元运算，我们可以把这个运算当作加法或者乘法，但在一般的定义中它没有名字。

对于任意集合 G，运算 • 以及任意的三个元素 a, b, c，它们需要满足以下四个条件（或者称为公理）：

1. **封闭性**：如果 a 和 b 都是 G 的元素，那么 $a • b$ 也是 G 的元素。

2. **结合性**：$a • (b • c) = (a • b) • c$。

3. **单位元**：G 里有一个元素 e，使得 G 中的任意元素 a 都满足 $e • a = a$。这个元素被称为单位元。

4. **逆元**：对于 G 里的任何一个元素 a，在 G 中都存在另一个对应的元素 a^{-1}，使得 $a • a^{-1}$ 等于单位元 e。这时我们把 a^{-1} 称为 a 的逆元。

举个例子，整数集合与加法运算组成了一个单位元 $e = 0$ 的群，因为任何一个元素加上 0 都不会改变，而 0 是唯一满足这个条件的数字。群也可以用来表示物理性质，比如正多边形的对称性、晶体结构或者雪花。

对称群

对称群代表了对某个物体进行变换，最终结果与出发点无法区分的各种方法。它同样包含复合运算，也就是对上一个变换的结果施行另一个变换，当然也包括群的所有其他操作。

考虑一个等边三角形。如果我们将它顺时针旋转 120°，或者沿着通过一个顶点和中心的直线进行反射，结果看起来毫无变化。如果我们将旋转叫作 a，反射叫作 b，那么我们能用乘法表示两者的复合。

于是，a^2b 意味着我们将三角形旋转 120° 两次，然后取关于直线的反射。实际上 a 与 b 共有 6 种不同的组合，各自产生三角形的不同变换：e, a, a^2, b^2, ab 和 a^2b，这里 e 是单位元，它不对三角形进行任何操作。所有其他组合都等价于这些组合之一：a^3 和 b^2 等价于什么也不做，或者说 e。

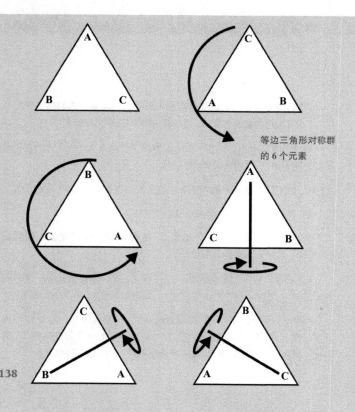

等边三角形对称群的 6 个元素

子群与商群

子群是群的一个满足群公理的子集（见第 137 页）。因为单位元 $\{e\}$ 本身就是一个群，所以一个群总有至少一个子群。

等边三角形的对称群（见第 138 页）是 $\{e, a, a^2, b, ab, a^2b\}$，其中 a 是围绕中心的 120° 旋转，b 是沿着通过中心的一条对称轴的反射。这个群有两个显然的特殊子群，旋转 $\{e, a, a^2\}$ 以及反射 $\{e, b\}$。两者都是循环群的例子，其中所有的元素都是同一个元素的复合。

如果 H 是 G 的一个子群，而且对于所有 H 中的元素 h 以及所有 G 中的元素 g，ghg^{-1} 都在 H 中，那么 H 被称为一个正规子群。正规子群让我们能够从已有的群出发建立新的群。

商群是一个用某个群的元素以及它的正规子群之一构造的群。

如果 H 是群 G 的一个正规子群，那么，对于 G 中的任意两个元素 a, b，要么 $aH = bH$，这里 xH 表示所有相对某个 H 中的元素 h，形如 xh 的元素组成的集合；要么这两个集合没有共同的元素。这意味着我们可以将这些集合看成一个新集合的元素，附加一个自然的组合规则 $(aH)(bH) = abH$，而这实际上是一个新的群，称为商群，记作 G / H。

商群与定义它的正规子群实际上相当于将群 G 分解为更小的群，这能帮助我们理解原来的群。这些更小的群是建造群的砖块，就像素因子分解对数的结构的描述。

对于群来说，素数的角色由单群扮演，这些群没有除了它们自身以外的特殊正规子群。

单群

单群是那些除了自身以外没有特殊商群的群。它们仅有的正规子群要么是单位元，要么是原来的群本身。这跟只有一与自身作为因子的素数几乎完全类似。

与素数相似，单群存在无数个。但与素数不同，单群可以干净利落地分类。2004 年的对于所有有限单群的分类是过去 50 年中最伟大的数学成就之一。

单群包括素数阶的循环群，以及交错群家族，它们在有限集的研究中自然出现。另外还有 16 个其他的单群家族，他们被称为有限李群，最后是 26 个例外，这些个别的特例被称为散在群。这其中有 20 个最具特殊性，被称为魔群。其余六个被称为贱民（pariah）。

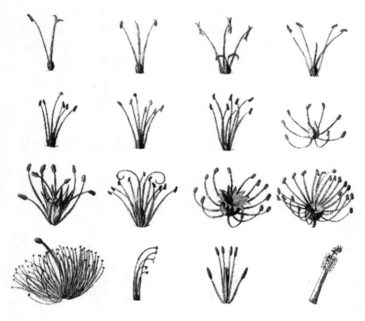

瑞典植物学家卡尔·林奈（Carolus Linnaeus）通过植物用于繁衍的部分对植物进行分类的尝试，与数学中群的分类可以相类比。

80801742479451287588
45990496171075700575
43680000000000

魔群

魔群是最大的散在单群，在有限单群分类中至关重要。它的正规子群只有平凡群与魔群本身。

对魔群的猜想于 20 世纪 70 年代出现，最后在 1981 年它终于由罗伯特·格里斯（Robert Griess）解决，并在 1982 年的一篇题为《友好的巨魔》的论文中对它进行了描述。它包含 80801742479451287588645 99049617107570057543680000000000（大约是 8×10^{53}）个元素。在矩阵形式的描述中，魔群需要用到包含 196883×196883 个分量的阵列。

这些群如此庞大复杂，意味着需要时间才能确保所有可能的散在单群都被确定。尽管最早的散在单群在 19 世纪晚期就被发现，直到 21 世纪早期人们才完成了所有散在单群的完整描述。

李群

李群是一类重要的群，它的元素依赖于连续变量，迥异于魔群及多边形对称群的离散结构。比方说，如果我们考虑圆的对称性，我们会发现围绕圆心任何角度的旋转都将圆映射到自身。于是圆的对称群不能归类于类似等边三角形一类形状的对称群，比如等边三角形对称群就含有 6 个离散的元素（见第 138 页）。圆的对称群是一个李群，我们说它具有连续的参数化。

不出意外，连续群比离散群的理论要复杂得多，尽管李群是其中被理解得最透彻的。它们能用参数的性质完全描述，但它们继承的不单止这些连续结构。他们可以被看作光滑的流形，或者说可微流形，这是一种特殊的拓扑空间（见第 171 页）。

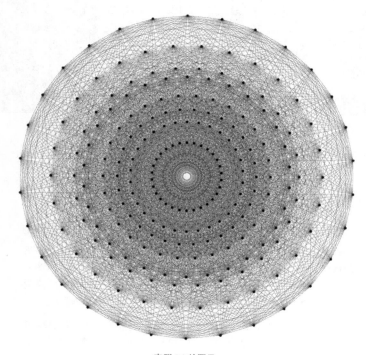

李群 E8 的图示

环

环是一个包含一个元素集合以及两个二元运算的抽象数学结构。与群相比，群只有一个元素集合以及单一的二元运算。在环论中，两个运算常常被称为加法"+"与乘法"×"。与群类似，在集合中的任意两个元素上施行任一运算，得到的结果应该是集合中的另一个元素，于是也包含在环中。

与群不同的是，群没有假定运算必须是交换的（见第 15 页），而环中的加法运算必须是可交换的。换句话说，对于任意元素 a, b，$a + b$ 必须等于 $b + a$。环中也必须有加法单位元与逆元，所以环中的元素在加法运算下组成一个群。而乘法运算必须是可结合的（见第 15 页）。

最后，环还需要满足两条规则，它们决定了加法与乘法运算应该如何组合。这些规则使乘法对加法是分配的：

$$a \times (b + c) = (a \times b) + (a \times c)$$

$$\text{以及 } (a + b) \times c = (a \times c) + (b \times c)$$

整数、有理数以及实数都是环。但一个一般的环有着与这些例子不同的性质。例如，如果 $a \neq 0$——这里 0 是加法单位元，这个元素对任意元素的加法都不会改变该元素——而且 $a \times b = 0$ 出发不一定能得到 $b = 0$，尽管对于有理数、整数或者实数这是显然的。同理，如果 $a \times b = a \times c$，那么 b 与 c 也不一定相等。

尽管有着这些限制，但环出现在许多数学领域中，特别是那些与群论相关的领域。为了得到乘法的可消去性，需要在代数结构上施加更多的限制，最后得到域（见第 144 页）。

域

域是一个包含一个集合与两个二元运算的代数结构。与环相同，这些运算被称为加法和乘法，集合与加法同样构成交换群。但在域中，乘法也是可交换的，所以对于任意元素 a 和 b，都有 $a \times b = b \times a$，除了加法单位元，集合与乘法运算形成一个交换群。环中的分配律在域中也成立（见第 143 页）。

这意味着在域中，除了加法单位元以外，所有元素都能作除法。这也意味着，与环不同，在域中如果 $a \times b = a \times c$，并且 $a \neq 0$，那么 $b = c$。于是域比环满足更多普通的数在加法与乘法下拥有的性质。整数、有理数与实数除了环以外也是域。另一个例子是形如 $a + b\sqrt{2}$ 的数组成的集合，这里 a 与 b 都是有理数。

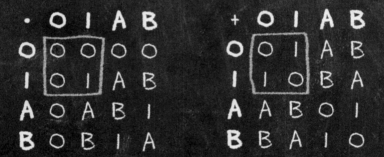

上面两个表格代表了含有四个元素 I, O, A, B 的一个简单域中的加法与乘法运算。

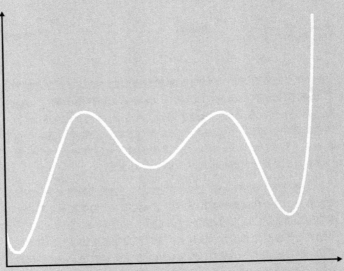

伽罗瓦理论证明了，对于六次方程（次数为 6 的多项式），比如图中所示的例子，
不可能找到一般解。

伽罗瓦理论

伽罗瓦理论由法国数学家埃瓦里斯特·伽罗瓦（Evariste Galois）建
立，他年仅 20 岁就死于决斗。他建立了群论与多项式的解（见第
95 页）的联系。

二次、三次以及四次方程的通解早在 16 世纪后期就为人所知，但
对于更高次的多项式却没有找到类似的解。尽管多项式的解看似依赖代
数处理手法，但伽罗瓦提出了群论如何能揭示某个多项式是否拥有只需
要简单代数运算的闭式解。

伽罗瓦考虑了拥有给定解的所有方程互相变换的方式，他发现闭式
解的存在性与某系列相关的群是否交换有关。他构造的群中只有前四个
是可解的，这表示只有次数至多为 4 的多项式才拥有能用简单的代数函
数描述的解。

魔群月光

魔群月光猜想揭示了两个不同的数学领域之间的联系。这些猜想由英国数学家约翰·康韦（John Conway）和西蒙·诺顿（Simon Norton）提出，它们源于约翰·麦凯（John McKay）在 1987 年的一场研讨会中提到的一个奇怪巧合。麦凯注意到，在数论中有一个由菲利克斯·克莱因（Felix Klein）定义的函数，它展开中的一个系数是 196884，正好是魔群的矩阵形式大小 196883 加上 1。

为何这两个领域——一边是魔群论，另一边是代数数论——的联系如此紧密，这个问题的答案用到的思想来自第三个数学领域，理论物理学中的顶点算子理论。理查德·博切尔兹（Richard Borcherds）在一篇为他赢得菲尔兹奖的论著中证明了，来自理论物理学的共形场论为这个深刻的联系提供了一个解释。即使如此，在这个有关量子理论、代数、拓扑与数论的联系中，许多细节仍然未被解释。

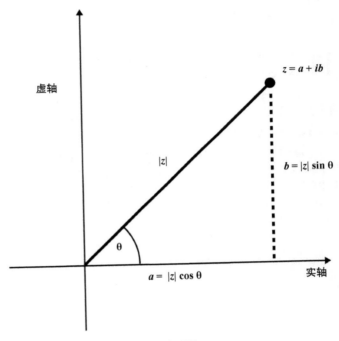

虚轴

$z = a + ib$

$|z|$

$b = |z| \sin \theta$

θ

$a = |z| \cos \theta$

实轴

阿尔冈图

复数

复数是实数的一个扩展，令我们可以对负数的平方根赋予意义。任意的复数 z 都能写成 $a + ib$，其中 a 和 b 都是实数，而 i 是 -1 的平方根，所以 $i^2 = -1$。a 是 z 的实部，而 b 被称为虚部。

如果我们将 (a, b) 看作笛卡儿坐标，如对页图中所示，我们可以探索复数的几何意义。这个图叫作阿尔冈图。作为平面上的一个点，任意复数 z 与原点有一段距离，这被称为 z 的模，记作 $|z|$。根据毕达哥拉斯定理，$|z|$ 可以通过它的两个分量用公式 $|z|^2 = a^2 + b^2$ 来计算。

任何复数也拥有一个相对于 x 轴的角度，称为 z 的幅角。于是一个复数可以用它的模 $|z|$ 以及幅角 θ 定义为 $z = |z|(\cos \theta + i \sin \theta)$。

复数的几何

利用阿尔冈图给出的复数的几何解释也提供了复数的另外两个特征的简单解释：复共轭与三角不等式。

$z = a + ib$ 的复共轭，也记作 z^* 或者 $\overline{z}$，即 $a - ib$，是 z 关于实轴（x 轴）的镜像。由简单的计算，我们知道 $|z|^2 = zz^*$，而 z 的实部与虚部也能写成这个数与它的复共轭的和与差，分别是 $\frac{(z + z^*)}{2}$ 以及 $\frac{(z + z^*)}{2i}$。

三角不等式是命题"三角形的较长边一定比其余两边的和要短"的数学描述。两个复数的和在几何上与两个向量的和（见第 125 页）相同，其中向量的分量分别是每个复数的实部与虚部。因此，对于复数 z、w 与 $z + w$，$|z + w| \leqslant |z| + |w|$，这就是三角不等式。

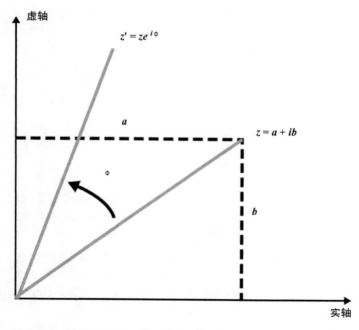

复数的几何观点的另一个推论是，因为 $z = |z|e^{i\phi}$，利用指数规则，$e^{i\phi}$ 的乘法给出 $ze^{i\phi} = |z|e^{i(\theta + \phi)}$，这相当于角度为 θ 的旋转。

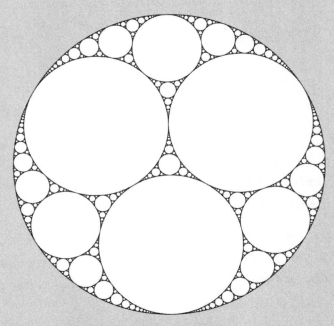

阿波罗尼奥斯垫圈是默比乌斯变换能够生成的许多引人注目的图形之一。

默比乌斯变换

默比乌斯变换是复平面上的函数，它将圆与直线映射为圆与直线。它们的形式是 $f(z) = (az + b)/(cz + d)$，这里 $ad - bc \neq 0$，a, b, c 和 d 都是复数，z 是复变量。

这些变换的复合组成一个群（见第 137 页），群运算等价于 2×2 矩阵的矩阵乘法，矩阵的项是 a, b, c 与 d。关键在于它们保持线的夹角不变。

默比乌斯变换在物理中可以用于将二维流体模型转换为更简单的情况，其中能更容易解决问题，然后转换回原来的情况。

2×2 复矩阵群的一些性质也可以用默比乌斯变换形象地表达，生成如图所示的优美图形。

复幂级数

复幂级数，或者说复泰勒级数，包括形如 $a_0 + a_1z + a_2z^2 + a_3z^3 + \cdots$ 的无穷级数，其中所有系数 a_k 都是复数。一般来说，z 如果是某一固定的复数，可以用 $(z - z_0)$ 的幂来代替 z 的幂。

正如实幂级数（见第 56 页），收敛问题处于幂级数理论的中心。建立收敛性的一种方法是将每一项模的总和 $|a_0| + |a_1z| + |a_2z^2| + |a_3z^3| + \cdots$ 与几何级数 $1 + r + r^2 + r^3 + \cdots$ 比较（见第 53 页）。

如果对于所有 z 值，幂级数都收敛，那么级数所定义的函数是**整函数**。整函数包括复多项式与复指数函数。如果幂级数对于 z_0 附近的 z 值收敛，那么级数的**收敛半径**就是使得级数在以 z_0 为圆心、r 为半径的圆内所有 z 值上都收敛的最大的 r。

复指数函数

如果我们将指数函数（见第 100 页）的定义应用到一个复数 $z = x + iy$ 上，就会得到复指数函数。由于 z 的指数 e^{x+iy} 可以表示为 $e^x e^{iy}$，其中 e^x 是通常所说的指数函数，这个函数的特别之处在于虚部产生的 e^{iy}，它又被称为**复指数**。

实际上，如果将 e^{iy} 表达为幂级数（见第 56 页），并且将它分成实数项与虚数项，我们能得到：

$$e^{iy} = \cos y + i \sin y$$

所以三角函数其实并非真正来自几何学——他们实际上是复指数函数！这一惊奇的发现有着重要的实用价值：它让工程师能利用复数描述交流电，让物理学家能用复数值的波函数来描述量子力学中事件的概率。

在数学上来说，可能从指数函数与复数开始推导几何描述会更加顺畅。我们注意到，利用 e^{-iy} 的对应公式，余弦与正弦函数都能写成指数函数本身的和或者差。

复指数函数与正弦及余弦函数之间的关系给出了许多人认为的数学中最完美的公式。这就是**欧拉恒等式**，它联系了分析中五个最重要的数：$0, 1, e, \pi$ 与 i。它可以由此前等式中令 $y = \pi$ 来导出。由于 $\cos \pi = -1$ 以及 $\sin \pi = 0$，等式变为 $e^{i\pi} = -1$。如果将 -1 移到等式的另一端，我们得到：

$$e^{i\pi} + 1 = 0$$

在数学家展示极客精神的地方，留意这个公式！

所有这些东西的另一个推论是，因为我们可以将 $z = x + iy$ 用模 $|z| = r$ 以及幅角 θ 写成 $z = r(\cos \theta + i \sin \theta)$，一个复数的模－幅角可以用 $z = re^{i\theta}$ 表示。

复值函数

一个复值函数 $f(z)$ 就是一个关于复数 $z = x + iy$ 的函数。由于函数 $f(z)$ 是复数的，它同时拥有实部与虚部，通常写作 $u + iv$。坦白地说，复值函数理论很诡异，它产生了种种复分析特有的结果。这是因为 z 的函数有着许多限制；函数的写法必须不依赖复共轭 $z*$。因此 z 的实部不是复值函数。

这种特殊的性质在迭代复值函数时（见第 51 页）变得更为明显。在迭代时，前一项的函数值被定义为新的项，然后不断重复这个过程。如此生成的数列是一个被称为动力系统的领域研究的对象。下图是类似 $c + z^2$ 的简单复值函数生成的优美结构的一个例子。它展示了在迭代时不会趋向无穷的点的集合，也被称为茹利亚集。

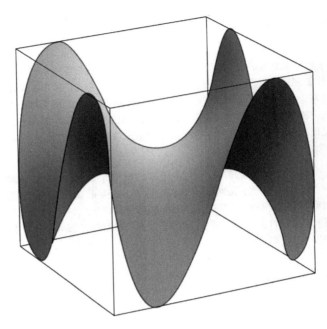

一个调和函数

复微分

复值函数的导数与实值函数导数的定义相同（见第107页）：它度量了函数在输入变化时的变化方式。因此，f 在 z 处的导数 $f'(z)$，如果存在的话，在复变量 w 趋向于 z 时，$f(w) - f(z)$ 趋向于 $f'(z)(w-z)$。这意味着如果 $f(z) = z^2$，那么导数 $f'(z)$ 就是 $2z$，正是我们所预料的。

由于极限本身的二维特性以及复值函数的特殊形式，要满足这个定义，需要施加我们预想以外的许多限制。比如对于 $z = x + iy$ 和 $f(z) = u + iv$，f 是复可微的当且仅当它的偏导数满足所谓的柯西–黎曼方程，

$\dfrac{\partial u}{\partial x} = \dfrac{\partial v}{\partial y}$ 以及 $\dfrac{\partial u}{\partial y} = -\dfrac{\partial v}{\partial x}$。这反过来能推出 u 和 v 是调和函数，满足

$\dfrac{\partial^2 f}{\partial x^2} + \dfrac{\partial^2 f}{\partial y^2} = 0$。这就是拉普拉斯方程，数学物理中最普遍的方程之一。

解析函数

解析函数是那些可微的复值函数。由于复值函数为了拥有可微性必须满足拉普拉斯方程（见第 153 页），总的来说，这样的函数一定不止一次可微，至少是二次可微。我们自然可能认为二次可微的函数比一次可微的要少得多，但事实正好相反：复值函数难得可微，如果它是可微的，那意味着它可以进行无限次微分。这与实值函数的微分（见第 107 页）显然南辕北辙！

所以，在复数的情况下，如果一次导数存在，那么任意次导数都存在。现在假设 f 和 g 是两个解析函数，各自在复平面某个区域拥有收敛的泰勒级数。如果两个区域有重叠，在重叠区域有 $f(z) = g(z)$，那么在每一点都有 $f(z) = g(z)$。这个**解析延拓**的技巧在黎曼 ζ 函数的分析中有应用（见第 200 页）。

解析延拓：下图展示了复平面中重叠的两个区域。如果一个函数的泰勒级数在第一个区域处收敛，另一个函数的泰勒级数在第二个区域处收敛，而两个函数在重叠的区域相等的话，那么它们就是同一个解析函数的泰勒级数。

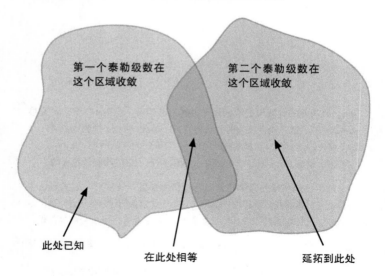

第一个泰勒级数在
这个区域收敛

第二个泰勒级数在
这个区域收敛

此处已知

在此处相等

延拓到此处

在极点处，函数没有定义，
而函数的模趋向无穷。

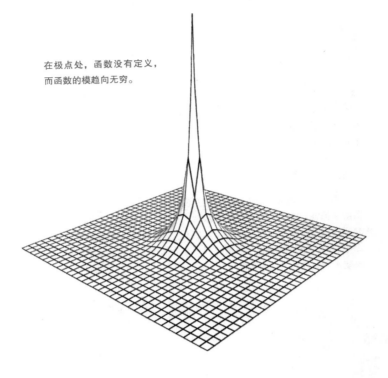

奇点

奇点是复值函数无定义的任意点。复奇点可能是**可去奇点**，如果它们可以通过解析延拓除去；可能是**极点**，如果它们的表现如同 $\dfrac{1}{(z-z_0)^n}$，这里 $n>0$；可能是**本性奇点**，如果下面定义的洛朗级数有无数个幂次为负数的项；又或者是**分支点**，如果函数是多值的话。

如果在极点附近，$f(z)$ 可以由包含 z 的负数次幂的幂级数定义的话，我们有：

$$f(z) = \frac{a_n}{(z-z_0)^n} + \cdots + \frac{a_1}{(z-z_0)} + a_0 + a_1(z-z_0) + \cdots$$

这个洛朗级数能用于表示并非解析的复值函数，但不能用传统的泰勒展开表示。相关的另一个表达方式是**牛顿－皮瑟展开**，这是一个可以包含 z 的**分数次幂**的幂级数推广。它被用于构造一个被称为黎曼曲面的新对象，在它上面函数只有单一的值。

黎曼曲面

黎 曼曲面是令复平面上的一个多值函数在它上面变为单值的曲面。
复数 $z = |z|e^{i\theta}$ 的自然对数 $\ln(z)$ 是 $\ln(|z|) + i\theta$，但因为 $e^{2i\pi} = 1$，
利用欧拉恒等式（见第 151 页）有 $z = |z|e^{i(\theta + 2\pi)}$，所以 $\ln(z) = \ln(|z|) + i(\theta + 2\pi)$。实际上，对于任何整数 k 都有 $e^{2ki\pi} = 1$，所以对任意整数 k，
$\ln(z) = \ln(|z|) + i(\theta + 2k\pi)$。这是一个多值复值函数——另一个稍有不
同的例子是 z 的平方根。

对页所示的黎曼曲面通过分离自然对数的不同分支，消除了自然对
数的多值性。如果我们围绕中轴线旋转一圈，也就是 2π 弧度，我们不
会回到同一个地方，但在平面上我们会。这一点使对数在这个曲面上成
为单值的。黎曼曲面的一般理论显示了如何创造这些复平面的复杂模型
来使不同的函数成为单值的。

一个黎曼曲面的示意图

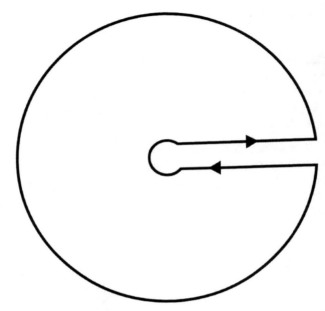

用复分析方法求实值函数积分时在复平面上经常用到的积分曲线。

复数积分

与微分相似，沿着复平面上一条路径的积分可以用类似二维情况下线积分（见第 121 页）的方法来定义。但复值函数在沿着闭曲线积分时会给出令人惊讶的结果。

解析函数——就是可微的复值函数（见第 154 页）——在闭曲线上的积分是零：这叫柯西定理。拥有洛朗级数的函数（见第 155 页）也能围绕包含极点的闭曲线积分。此时，解析部分的积分为零，除了 z^{-1} 以外的所有 z^n 幂的积分也为零。于是，积分结果的唯一贡献来自 z^{-1} 这一项，它的积分原函数是 $\ln(z)$。$\ln(z)$ 在闭曲线上的变化值由于转过的角度为 2π，所以是 $2\pi i$，于是总贡献是 $2\pi i a_{-1}$。

系数 a_{-1} 又叫作留数。所以 f 在闭曲线上的积分等于 $2\pi i$ 乘以被曲线包围的留数的和（将每一个极点的贡献分别相加）。

芒德布罗集

芒德布罗集是在动力系统研究中出现的一个复数集合。它是所有使原点 z_0 在迭代 $z_{n+1} = C + z_n^2$ 下不会趋向无穷的 C 的集合。因为当 $z_0 = 0$ 时 $z_1 = C$，另一种表达方式是复数 C 本身的迭代维持有界。尽管定义只涉及 0 或者 C 的行为，但一个复数在芒德布罗集的事实也给出了它的茹利亚集（见第 152 页）的一些性质。

芒德布罗集图像的数值构造可以通过选择许多 C 的值并观察它们是否会趋向无穷来完成，还有一些巧妙技巧，例如逆向迭代，可以帮助补充细节。那些不趋向无穷的点被涂黑，产生的就是下图所示的标志性图案，它的美动人心弦。芒德布罗集的边界是分形的——它有着无数精巧的自我相似的细节（见第 172 页）。

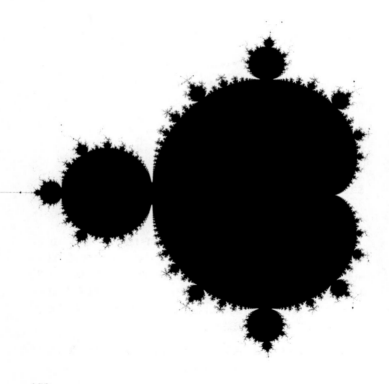

组合数学简介

组合数学是数学中专门研究计数的一个分支。就像扑克玩家会在心里考虑其他玩家拥有某种手牌的可能性，组合数学考虑的是在不列举所有可能情况的前提下，如何计算特定对象的数目或者某些事件的可能性。

组合数学在许多概率、最优化与数论问题中占据着核心地位。它有着艺术的一面，其中伟大的传承者包括欧拉和高斯，还有近代有名的匈牙利"浪游"数学家保罗·埃尔德什（Paul Erdös）。

在过去，组合数学常被描述成一门没有理论的学科，这反映了它当时欠缺统一的技巧与方法。这种情况正在改变，组合数学中的最新进展与成功表明，它正在逐渐成熟为一门独立的课题。

鸽笼原理

鸽笼原理是一个拥有众多应用的简单想法。想象你有 101 只鸽子，如果你只有 100 个鸽子笼来饲养它们，显然在你的 100 个鸽子笼中至少有一个装着至少两只鸽子。用更一般的术语表达的话，我们可以说如果你有 n 个箱子和 m 个物体，其中 $m > n$，那么至少有一个箱子包含多于一个物体。

这个原理可以广泛应用在各种情景中。例如，它可以用来证明任何城市如果包含多于一百万位非秃头的居民，那么至少有两位居民头发的数目恰好相等。证明依赖于一个事实：一般人大概有 150000 根头发，为了保险起见，我们假定头发数目的最大值是 900000 根。于是我们有一百万位不是秃头的居民，对应于 m 个物体，以及 900000 种头发数目的可能性，对应于 n 个箱子。由于 $m > n$，鸽笼原理告诉我们，必定存在至少两位城市居民，他们有着相同数目的头发。

2	3	5	7	11	13	17	19	23	29	31	37	41	43	47	53	59	61	67	71
73	79	83	89	97	101	103	107	109	113	127	131	137	139	149	151	157	163	167	173
179	181	191	193	197	**199**	211	223	227	229	233	239	241	251	257	263	269	271	277	281
283	293	307	311	313	317	331	337	347	349	353	359	367	373	379	383	389	397	401	**409**
419	421	431	433	439	443	449	457	461	463	467	479	487	491	499	503	509	521	523	541
547	557	563	569	571	577	587	593	599	601	607	613	**619**	631	641	643	647	653	659
661	673	677	683	691	701	709	719	727	733	739	743	751	757	761	769	773	787	797	809
811	821	823	827	**829**	839	853	857	859	863	877	881	883	887	907	911	919	929	937	941
947	953	967	971	977	983	991	997	1009	1013	1019	1021	1031	1033	**1039**	1049	1051	1061	1063	1069
1087	1091	1093	1097	1103	1109	1117	1123	1129	1151	1153	1163	1171	1181	1187	1193	1201	1213	1217	1223
1229	1231	1237	**1249**	1259	1277	1279	1283	1289	1291	1297	1301	1303	1307	1319	1321	1327	1361	1367	1373
1381	1399	1409	1423	1427	1429	1433	1439	1447	1451	1453	**1459**	1471	1481	1483	1487	1489	1493	1499	1511
1523	1531	1543	1549	1553	1559	1567	1571	1579	1583	1597	1601	1607	1609	1613	1619	1621	1627	1637	1657
1663	1667	**1669**	1693	1697	1699	1709	1721	1723	1733	1741	1747	1753	1759	1777	1783	1787	1789	1801	1811
1823	1831	1847	1861	1867	1871	1873	1877	**1879**	1889	1901	1907	1913	1931	1933	1949	1951	1973	1979	1987
1993	1997	1999	2003	2011	2017	2027	2029	2039	2053	2063	2069	2081	2083	2087	**2089**	2099			

直到 2100 的所有素数的列表，高亮的部分是公差为 210 的素数序列

格林－陶定理

格林－陶定理用来自组合学的方法来研究素数出现的规律。这个定理表明，在素数数列中能够找到任意长的等差数列（见第 52 页），尽管它们不一定是连续的素数。

例如，前三个素数 3、5、7 组成了一个数列，其中一个数加上 2 就得到另一个数。素数 199、409、619、829、1039、1249、1459、1669、1879 与 2089 同样因公差为 210 而互相联系。然而，2089 + 210 = 2299 就不是素数。所以在十项后这个等差数列就不再成立了。

素数列表中这样的短数列早已为人所知，但定理本身抵挡住了所有通过动力系统与数论来证明它的尝试。在 2004 年本·格林（Ben Green）与陶哲轩（Terence Tao）利用组合的技巧成功地证明了这个猜想。

柯尼斯堡的桥

柯尼斯堡七桥问题是一个著名的数学问题，它的解决带来了一门名为**图论**的新学科的发展。在 18 世纪，普鲁士城镇柯尼斯堡，现为俄罗斯的加里宁格勒，有七座跨过普列戈利亚河连接四块土地的桥。这个问题问的是在城市的环游中是否能够每座桥恰好通过一次。试错法表明这显然很困难，但在 1735 年莱昂哈德·欧拉（Leonhard Euler）用数学证明了这是不可能的。

将每块土地想象成一个抽象的点或者顶点，通过表示桥的线或者边连接，我们能将地图转化为一个图，以除去关于地理的无关细节。在游览城市的路径中，我们经由边进出每个顶点。要通过每条桥恰好一次，每个顶点必须连接到偶数条边。由于这些顶点事实上都拥有奇数条边，不存在满足我们一开始要求的环游路径。

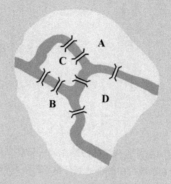

柯尼斯堡七桥问题的简化地图表达（上图）以及将问题用顶点与边描述的组合图表达（下图）。

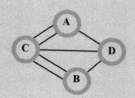

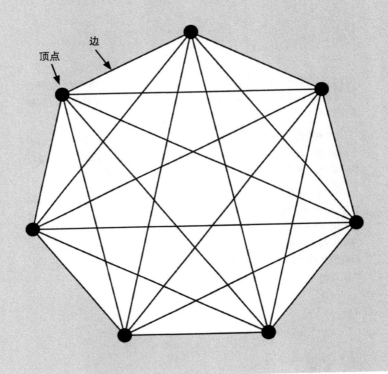

顶点

边

图论简介

图论是对联系的研究。与函数图像不同，在这个语境下的图包含由线，或者说边，连接起来的抽象的点，或者说顶点。一系列由边连接起来的顶点被称为路径。

图提供了一个分析复杂组合问题的实用方法。问题的解决办法常常涉及图中计算给定长度路径，或者对图中包含的子图的理解。

图论的许多早期应用源于对电路的研究，其中边上的**权值代表电流**。描述管道或者输送链中的流的加权图也常用于求出通过网络的最大流，这有助于有关物理或者物流过程模型的建立。最近，互联网也被看成一个图，而有关许多细胞内化合物与基因相互作用的许多现代模型同样基于图论。

四色定理

四色定理是一个经典的数学范例。它表明，给任意一个平面地图涂色，使得不存在边界相邻的两个颜色相同的区域，需要颜色数目的最小值是 4。

用图论的语言重新陈述这个结果的话，我们可以用一个顶点代表每个区域，并且用一条边连接任意两个边界相邻的顶点。问题于是变成向每一个顶点赋予一种颜色，使得不存在颜色相同的相邻顶点。

作为一个需要对许多情况进行分析的问题，这个定理需要计算机的验证。在 20 世纪 80 年代后期，凯尼斯·阿佩尔（Kenneth Appel）和沃夫冈·哈肯（Wolfgang Haken）通过一个计算机程序检查了二千余个特例中的每一个，从而确立了定理的正确性。自此之后，更传统的方法被应用到这个问题上，最后在 2005 年终于得到了一个完整的形式化分析法证明。

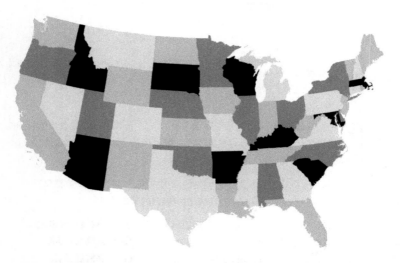

美国大陆部分的地图示意。四种不同的色调足以保证不存在一个州需要与邻近的州分享同一色调。

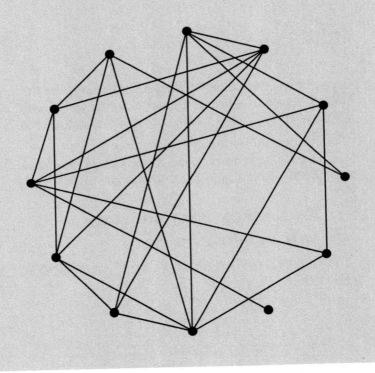

随机图

随机图是一个顶点间的边由随机过程决定的图。要生成一个随机图，考虑 N 个顶点，对于每一对顶点，以概率 p 选择生成一条边，以概率 $1-p$ 选择不生成任何边。我们发现在 N 趋向无穷时，这样生成的图的性质会变得不再依赖 p，在极限时的图就是唯一的无限随机图。

特别地，在无限随机图中，任意两个顶点之间总有一条路径相连——这样的图被称为连通的。另外，给定任意两个顶点的有限集合，总存在一个顶点与其中一个集合的每个顶点都以一条边相连，与另一个集合的顶点则没有边相连。有限随机图在 N 增大时的演化方式非常有趣。当 p 很小时，得到的随机图包含很多小的连通部分，并且不包含环（从一个顶点回到自身的不平凡路径）。连通性有一个阈值：如果 p 比 $(\ln N)/N$ 稍小，那么一般还会存在孤立的顶点。

度量空间简介

度量空间利用了物体间距离概念的抽象化。它们是这样的一些集合（见第 27 页），其中定义了元素之间的距离，或者说度量。我们最熟悉的例子是三维空间的欧几里得度量，其中两点之间的距离由两点间的直线给出。

一般来说，一个度量 d 与一个集合 X 组成度量空间，当且仅当 d 是一个关于集合中的点对 (x, y) 的实值函数 $d(x, y)$，并且满足以下的条件：

1. 两点之间的距离非负，距离为零当且仅当两点相同。

2. 从 x 到 y 的距离与从 y 到 x 的距离相同。

3. 对于任意点 z，从 x 到 y 的距离小于等于从 x 到 z 的距离加上从 z 到 y 的距离。

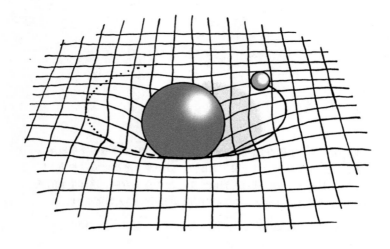

测地线

测地线是在曲面上两点之间的最短路径。在平直的曲面上，我们通过直觉知道测地线就是直线。但对于弯曲的曲面，最短的路径可能是更一般的曲线，它最小化某个度量（见第166页）所定义的曲面上的距离。最为人熟知的非欧几里得测地线是球面上的大圆，例如赤道和长途飞机的飞行路径。

在许多情况下，测地线可以由积分确定，它对应有关两个对象之间路径的微分函数的最小值。这就是爱因斯坦的广义相对论中描述测地线的方法，在那里它们代表物体通过弯曲时空的轨迹。测地线是跨越空间的最短路程这个事实可以解释太阳周围行星轨道的异常，以及光和大质量物体在黑洞附近的偏折。

不动点定理

不动点定理提供了一个函数 $f(x)$ 拥有至少一个不动点的条件——不动点就是满足 $f(x) = x$ 的点。布劳威尔不动点定理证明了，对于一个几何对象的所有合适的变换，至少一个点的位置保持不变。拿两张大小相同的纸，将其中一张弄皱，放在另一张下面，并且保证它没有跨到外面。布劳威尔不动点定理断言，在弄皱的纸上至少有一点在它原来对应位置的正下方。

　　显然，这只在我们没有把纸撕成两半的时候成立，用数学的语言来说就是函数 f 必须是连续的。相似地，弄皱的纸必须完全在原来的纸的界限之内，这意味着 f 的作用范围与取值范围都在一个闭的集合中。一般来说，如果 f 是连续的，并且将一个闭单连通集映射到它自身，那么它必定有一个不动点。类似的定理在微观经济学中有着广泛的应用，也能用于证明微分方程解的存在性与唯一性。

这个点在它原来位置的正下方。

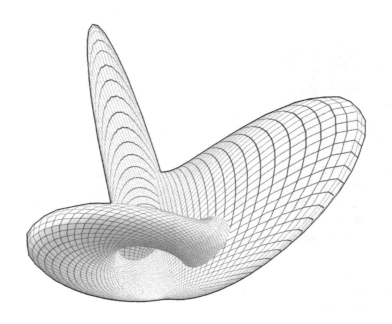

流形

流形是一种特殊的拓扑空间。流形在局部范围像是通常的欧几里得空间，我们说它与欧几里得空间局部同胚。

在局部上与欧几里得空间联系给我们提供了一个坐标卡：能用于描述流形上对象的坐标。但由于它仅仅在局部有意义，需要更多条件才能保证互相重叠的局部图册彼此一致。

流形的分类依赖于对应欧几里得空间的维度（见第 130 页）。如果流形具有五个或者更多的维度，那么它的分类相对直接，依赖于名为割补术的过程，其中类似环洞的新结构被添加到我们熟知的流形上。二维与三维流形的有着更复杂的描述，四维流形更是奇特。

169

测度理论

测度理论提供了描述集合大小的方法，推广了长度、面积、体积等概念。当你对某个集合进行测度时，你就会赋予它一个标志大小的数值，或者说权重。

在集合上定义一个前后一致的测度相当困难，这个定义依赖于 σ 代数的概念。它提供了保证测度一致性的方法，比如说一个集合子集的测度必定小于等于集合本身的测度。

在许多应用中，一些陈述可能对于除了一个特殊情况组成的例外集合以外都是正确的。测度论提供了一种方法来量化这些例外的大小。测度为零的集合非常小，尽管它可能包含不可数无穷个点。所以如果某件事在除了一个测度为零的集合以外都是真的，我们就说它在几乎所有点上为真。例如，几乎所有数的十进制小数展开都是无尽的。

如果要求一个测度有效，它必须反映集合的关系。换句话说，空集的测度应该为零，而集合子集的测度应该小于等于原来集合的测度。

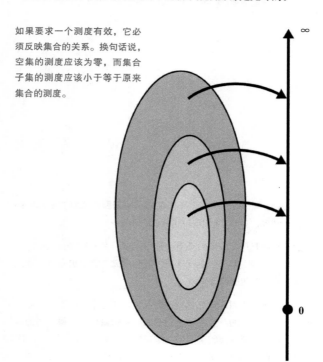

开集与拓扑空间

开 集是这样的集合，使得所有足够靠近集合中某个点的任意一点都在这个集合当中。例如，在一个度量空间中，所有与某个给定点 x 距离小于某个正数 r 的点的集合就是一个开集，它被称为半径为 r 的开球。开集之所以有用，是因为它提供了点之间相邻的概念，这个概念能绕过距离的概念，推广到更抽象的拓扑空间中。

拓扑空间是由一个子集族 T 定义的集合，这些子集被称为拓扑空间中的开集——因此开集在一开始就被定义，而不是由距离的概念导出。由开集组成的子集族 T 必须满足一些特定的规则：

- T 必须包含集合本身与空集；
- T 中两个子集的交集，或者说重叠部分，必须包含在 T 中；
- T 中任意个子集的并集，或者说组合，必须包含在 T 中。

我们发现，一开始利用极限的术语所定义的函数连续性（见第 102 页）拥有一个用开集的语言描述的等价定义：一个函数 f 是连续的，当且仅当所有开集的原像都是开集。一个集合 U 的原像是所有像 $f(x)$ 在 U 中的点 x 组成的集合。

在度量空间中的另一个重要概念是**紧性**，它是闭集概念的延伸。空间的一个覆盖是一族这样的开集，它们的并包含整个空间，而空间是**紧**的当且仅当每一个覆盖都有一个有限的子覆盖。也就是说，在覆盖中存在一个有限的子集，它同样覆盖原来的集合。

这可以帮助我们定义收敛性。在紧空间中，每个由元素组成的有界数列都有一个收敛的子数列，而每个紧度量空间都是完备的：每一个柯西列（见第 47 页）都收敛到空间中的某一点。

分形

分形是在任意精细尺度上拥有结构的集合，例子包括康托尔三分点集（见第 36 页）以及芒德布罗集的边界（见第 158 页）。分形的复杂形状与表面并不一定表现在欧几里德几何上。康托尔三分点集作为点的集合是零维的，但它是不可数的，与直线段有着相同的基数。

从测度论的观点来看，分形是很自然的研究对象。更特别的是，测度论可以用于定义另一种"维度"，其中康托尔三分点集有着介于 0 与 1 之间的维度。

如果我们尝试用半径为 r 的开球覆盖分形集合，然后让 r 趋向于零，分形无限精细的复杂性就会显现出来。如果需要开球的数量是 $N(r)$，那么当 r 变小时，所需的开球数目会越来越大，而对于分形而言这个数目会变得特别大，因为需要更多的开球来覆盖那些特别精致的细节。

一系列覆盖不列颠海岸线的半径为 r 的球：当 r 变小时，所需球数会随着更多细节的出现而变得特别庞大——分形需要这种额外的增长。

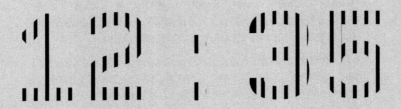

分形日晷

分形日晷是数学家肯尼斯·福尔克纳（Kenneth Falconer）在1900年提出的一个非凡的思想实验。福尔克纳证明了理论上可以构造一个三维的分形雕塑，它的影子是不断改变的数字，会以电子表的形式报时。

福尔克纳的出发点是给定的一系列在平面上画出来的加厚字母或者数字，还有对应的角度序列。他证明了，对于所有类似的序列，都存在一个分形的集合，使得当太阳处于序列中的某个角度时，分形在平面上投下的影子形状与该角度对应的字母或者数字相似。

福尔康纳的证明不是构造性的：它证明了这样的日晷是可行的，但没有给出确定分形本身形状以及如何实际建造这种日晷的方法。

巴拿赫－塔斯基悖论

巴拿赫－塔斯基悖论声称，一个三维的实心球可以劈成有限块，然后重新组合成两个与一开始完全一样的球。换言之，一个小实心球可以分成几份，然后重新组合为半径是原来两倍的球。在这两种情况下，切下来的每一块都没有被拉伸或者以其他形式扭曲。

这听起来就像胡说八道：切成碎片并移动并不会改变它们的体积，所以一开始的体积一定等于结束时的体积。但仅仅当体积这个概念对于构造中的碎片有意义时，这个论断才成立。对于物理中的球这显然成立，但对于数学上的球则仍有别的可能性。

这个结果依赖于不可测集的存在，这些点集没有传统意义上的体积，并且需要无数个选择才能明确球的切分方式。

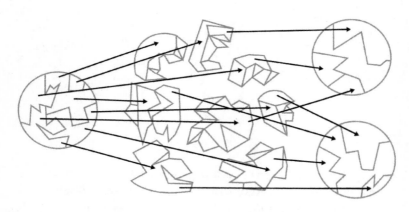

根据巴拿赫－塔斯基悖论，可以将球的某种数学模型分成几个部分，它们能重新组合得到两个与原来一模一样的球。对于现实中的球来说，这可没那么容易！

拓扑简介

拓扑学是描述形状以及归并等价形状的数学分支。这个领域需要考虑形状中的重要性质以及这些性质的识别方法。在拓扑学中，一个甜甜圈与一个咖啡杯可以被归并为"相同"的一类，因为两者都包含单一的曲面以及一个环洞。

拓扑对象的一些简单例子可以通过将纸的边沿粘合而制作出来。将纸的对边粘合起来，你就会得到一根管子，或者说柱面；然后将剩余的两边粘合起来，就能得到甜甜圈的形状，或者说环面。但另外两个拓扑对象，默比乌斯带（见第176页）与克莱因瓶（见第177页）在理论上也能通过相应的扭转来构造。

拓扑的概念能应用在计算机识别程序与计算机图形学中，也能应用到类似手机基站的排布这类问题中。

默比乌斯带

默比乌斯带是一个只有一个表面与一条边沿的曲面。要制作它，先取一根纸带，扭转它使得其中一边反过来，然后将两个末端粘起来组成一个环。

这根纸带是不可定向曲面的一个例子。可定向性给曲面是否有内部和外部这个问题赋予了意义。取某点处的法向量，也就是垂直于曲面的向量，并在曲面上连续地沿着一条路径移动到任何地方。在类似默比乌斯带的不可定向曲面上，存在这样的路径，使得当向量回到原来的地点时，它的方向与开始时正好相反。内部和外部变得难以分辨了！

将两个默比乌斯带沿着边沿粘合在一起，就得到了一个相关的对象，叫克莱因瓶。在三维欧几里德空间中，如果不把纸扯坏的话是没有办法做到这一点的。

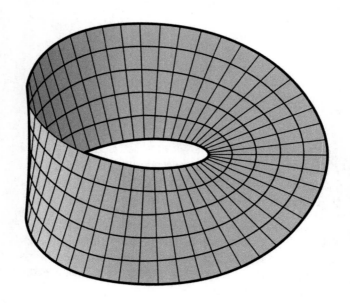

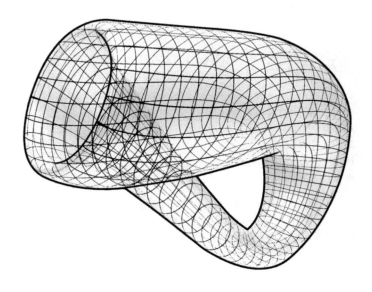

克莱因瓶

克莱因瓶是一个不可定向的曲面，它只有一个表面，没有边沿。精确地制作它，可以先取一张纸，将对边粘起来得到一个柱面，然后将剩下的两条对边按照与制作甜甜圈形（或者说环面）相反的方向粘起来。

在三维空间中进行这样的操作的话，克莱因瓶的表面必须通过它自身来将对边对齐，但在四维中它可以不与自身相交。

与默比乌斯带相反，克莱因瓶是一个闭曲面——它是紧的（见第171 页），而且没有边沿。数学家能通过清点曲面上环洞以及所谓"交叉帽"的数目来对曲面进行分类，以及断定它是否可以定向。

欧拉示性数

欧拉示性数是与曲面有关的一个数值，当曲面被扭曲或者变形时，它仍保持不变。它提供了一种确定环洞个数等特征的方法。

多面体是一种特别简单的闭曲面，由一些被平直边沿围成的平坦表面组成，这些边沿相交于所谓的顶点。莱昂哈德·欧拉（Leonhard Euler）注意到，对于任意定义合理的多面体，如果它拥有面的数目为 F、边的数目为 E、顶点的数目为 V，那么 $V - E + F = 2$。一般地，曲面可以用类似方法被切分为弯曲的面与相交于顶点的边沿。在对页所示的环面中，$V = 1$，$E = 2$，$F = 1$，得到的是 $V - E + F = 0$。

$V - E + F$ 这个值被称为曲面的欧拉示性数。对于可定向的闭曲面，它上面环洞的个数 g，又被称为曲面的亏格，与欧拉示性数有联系，可以由方程 $V - E + F = 2 - 2g$ 表达。

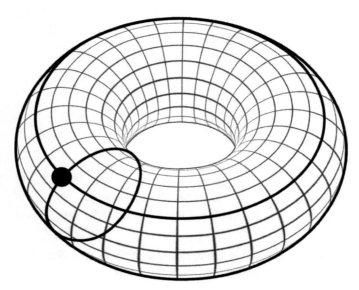

环面：一个顶点、两条边、一个面。

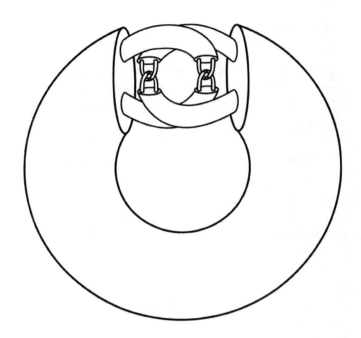

同伦

两个表面或者拓扑对象被称为**同伦**，当且仅当在不切分不撕裂的前提下，其中一个可以变形为另一个。例如，咖啡杯与环面，两者都有一个表面与一个环洞。它们是同伦的，因为其中一个可以连续地变形为另一个。

在形式化的语言中，两个连续函数 f 与 g 之间的同伦是连续的一族变换，从一个函数变为另一个。而两个拓扑空间 X 与 Y 被称为**同伦等价**，当且仅当存在连续映射 f 与 g，f 从 X 到 Y 而 g 从 Y 到 X，使得先应用 g 再应用 f 得到的复合函数与 Y 上的恒等映射同伦，而先应用 f 再应用 g 得到的复合函数与 X 上的恒等映射同伦。从某种意义上说，f 与 g 可以看成彼此的逆，它们将两个拓扑空间 X 与 Y 平滑地连接在一起。

有一些相当令人惊讶的例子，比如亚历山大（J. W. Alexander）在 1924 年发现的带角球面，如上图所示——这个数学对象与标准的二维球面同伦！

基本群

正如名字所示，拓扑空间的基本群是一个数学上的群（见第 137 页），它联系着某个拓扑对象，刻画了这个拓扑对象中的环洞与边界。它关于同伦不变，而它的基础是环路在曲面上变形的方式。

环路是空间中起点与终点相同的路径。两个环路等价当且仅当其中一个可以变形为另一个，所以基本群编码了空间形状的信息。它是一系列应用在多维空间上的同伦群中的第一个，也是最简单的一个。

定义基本群最简单的方法是在空间 X 中固定某个点 x，然后考虑通过这个点的所有环路。给定两个环路，它们每一个代表着空间中的一类环路，将一个环路与另一个连接就能组成新一类的环路。这种方法给出了一个环路分类上的运算，它组成了一个群：环路与这个运算共同组成了这个空间的基本群。即使空间本身有变形，基本群仍然保持不变。

另一个例子是，考虑简单环面或者说甜甜圈形状组成的空间，并选择曲面上的一个点。从这里出发，可以沿环面周围构造一个包含环洞的环路，还有一个穿过环洞的环路。这两个环路是不等价的——不能将一个变形为另一个——它们分别是两类环路的样板，通过操作可以组成更多的环路。有第三种环路，它们可以平滑地收缩到出发点，这些环路不计入基本群中。（译者注：更严谨地说，它们代表的是基本群的单位元。）

基本群可以用在拓扑空间中一维环路的计数中，而用球面可以定义更高维度的同伦群。原则上，这些同伦群提供了有关拓扑空间全局结构的信息，但不幸的是它们很难计算。在更高的维度（见第 130 页）中，我们需要另一些简单的恒常性质，它们用不同的途径编码信息。

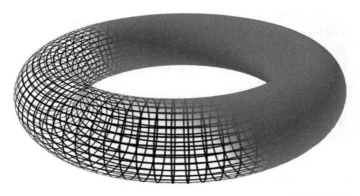

像这样的环面有着一个连通分量，两个环洞（一个通过中心，另一个被包含在曲面中），以及一个三维的空洞（曲面内部）。这给出了它前三个贝蒂数 1、2、1。

贝蒂数

贝蒂数是一组描述拓扑形状与表面特征的数字，它们能用同调来计算。与欧拉示性数相似，贝蒂数能基于简单的性质对结构进行分类，这些性质比如有连通分量的个数、环洞的个数与空洞的个数。

考虑一块瑞士奶酪，它的重要拓扑信息应该包括以下的信息：

- 它是单一的一块奶酪，所以只有一个连通分量；

- 有 n 个洞穿过它，这也被称为拓扑意义上相异的不可缩环路；

- 它中间有 m 个"隐藏"的洞，或者说空洞，这是不可缩的二维球面的个数。

这些信息，以及它们在高维空间中的等价物，正是拓扑对象的前三个贝蒂数。

瑟斯顿几何化定理

瑟斯顿几何化定理提供了对三维闭拓扑空间的分类。在 1982 年，比尔·瑟斯顿（Bill Thurston）列出了八类已知的三维流形，其中每一类都分别与空间中距离的不同定义有所联系。瑟斯顿猜想，每种三维闭空间都可以通过将这八种基本类型的空间"缝合"而得到。

瑟斯顿的八类空间中，每一类空间都联系着一个李群（见第 142 页）。最简单的一种与欧几里德几何有关，包含十种有限闭流形，而其余种类的空间包括球体几何与双曲几何，它们仍未完全被分类。它们组合的方法表现于三维流形的基本群结构中。

在 2003 年，格里戈里·佩雷尔曼（Grigori Perelman）证明了这个猜想，证明用到了被称为里奇流的前沿技巧来判断各种几何是否等价。

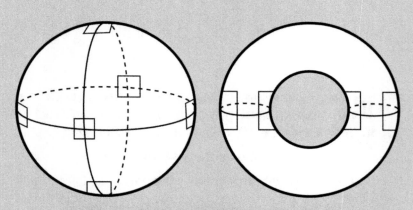

在瑟斯顿几何化猜想中，类似球和环圈等三维拓扑空间可以通过将流形缝合得到。

在任何与一般的球
面同胚的表面上,
所有环路都能收缩
到一点。

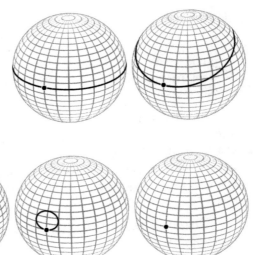

庞加莱猜想

庞加莱猜想是克雷研究所的千禧年问题（见第 205 页）之一，也是第一个被解决的——它在 2003 年由格里戈里·佩雷尔曼（Grigori Perelman）解决。简单来说，它暗示所有没有环洞的三维闭流形都拓扑等价于三维球面。

一个空间没有环洞（这种空间也称为单连通的），当且仅当每个环路都能收缩到一点，所以这时它的基本群是平凡的。在二维中，拥有这个性质的唯一曲面就是拓扑球面。在 1904 年，亨利·庞加莱（Henri Poincaré）猜想这个结论对于三维也成立。主要问题在于是否存在某些反常而惊人的三维流形，它们是单连通的但却不是球面。佩雷尔曼证明了瑟斯顿几何化定理（见第 182 页）排除了这些可能性，但他到目前为止拒绝领取这个证明所带来的百万美元奖金。

庞加莱猜想在更高维度上的推广被解决得更早。五维的问题在 20 世纪 60 年代由斯蒂芬·斯梅尔（Stephen Smale）解决，后来马克斯·纽曼（Max Newman）进行了改进。四维的情况由迈克尔·弗里德曼（Michael Freedman）在 1982 年解决。

同调

同调是测量拓扑空间中环洞的一种方法。它牵涉到对空间中一些特殊集合的观察，这些集合没有边界却又不是别的对象的边界，它们指出了环洞所在。

一个空间的同调群可以通过三角剖分这个集合来计算：将空间转化为顶点、边、三角面、四面体以及更高维度的类似对象。通过能将三角面变为边等的边界算子以及一个固定的方向，这些对象可以组织成群的结构。另一种方法称为上同调，它从低维的部分为起点构建高维的部分。取决于问题本身，两种方法之一可能给出更容易的证明或者更清晰的结果。

同调群比同伦群容易处理得多。但因为存在同调不能测量的复杂空洞，我们仍需要同伦。

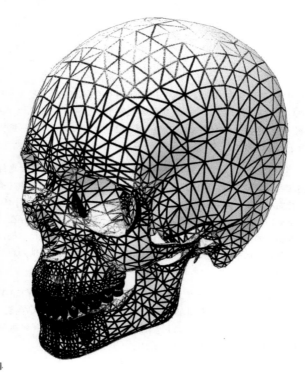

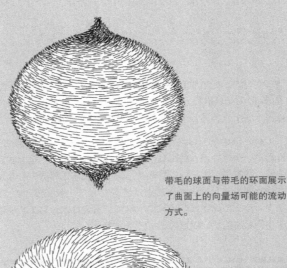

带毛的球面与带毛的环面展示
了曲面上的向量场可能的流动
方式。

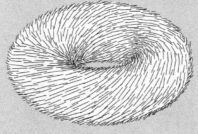

向量丛

向量丛提供了考虑曲面表面而非内部拓扑结构的一种方法。在曲面上定义向量丛需要在曲面每个点上关联一个向量空间。在向量空间中取一个被称为纤维的特殊元素，然后将它关联到曲面上的对应点，这样就构造了一个向量场，可以用每个点上的向量箭头来表示。

向量丛提供了一套丰富的流形描述方法。欧拉示性数（见第178页）在其中合理地作为自相交数出现，告诉我们有关向量场零点的信息。如果欧拉示性数非零，那么这个曲面上的任意连续向量场都必定在某处为零。这有时候也被叫作**毛球定理**，毛发对应着曲面上的向量场，而零点的存在则意味着任意的毛发梳理方式都至少会产生一个毛旋。

K-理论

K－理论于 20 世纪 50 年代建立，它提供了一个方法，能对曲面上的向量丛进行分类——包括环和群（见第 143 页与第 137 页）等结构。这个分类又带来了计算拓扑空间中空洞个数的另一个方法。

  K－理论与上同调有相似之处，上同调是同调的一种精细化。它被证明是一件用处很大的工具，能应用在微分方程中，也为非交换几何这个领域的发展提供了理论基础——非交换几何是那些拥有非交换代数描述的空间上的几何；换句话说，在其中 xy 不一定等于 yx。在理论物理学中，K－理论在某些弦理论中扮演了重要角色，这些弦理论尝试将宇宙中的基本粒子描述为震荡中的多维弦。

组结理论

组结是一条嵌入在三维空间中的闭曲线。如果有两条或以上曲线，它们则被称为链环。组结理论的研究目标是组结的描述与分类，对它们表示方法的考虑，以及区分它们的规则。

在这个语境中，两个组结被认为是等价的，当且仅当它们的曲线可以连续地相互变化，而无需剪切或撕裂曲线本身。尽管如此，区分组结这个难题仍然没有简单的解决方法。存在一系列的组结不变量，这些性质对同一类组结都相同，并且关于连续变换不变，但对于所有已知的组结不变量，都存在不同的组结拥有相同的不变量的值，所以它们并不是完整的描述。

组结理论在生物学中被用于描述 DNA 以及相关的长蛋白质的构型。它也能用于在低维的动力系统中确定一些微分方程中周期性的轨道会如何相互作用。

逻辑与定理

66当我们排除了所有不可能的情况，剩下的无论是何种情况，又无论它多不可能，就是答案。"夏洛克·福尔摩斯（Sherlock Holmes）曾如此论证。福尔摩斯的方法就是数学家的方法，而且我们会用严谨和准确等词汇来描述进行推理必需的心理状态——这是一种能力，可以洞察所有可能性都已被涵盖，不存在模棱两可之处，也不存在没有处理的特殊情况。

逻辑连接词，例如，"蕴含"或者"存在"或者"对于所有"，这本书用到了它们但没有仔细讨论，然而我们需要认识到，逻辑是数学的一个独立的领域。

数学论证用到了逻辑规则，它确定了有关数学对象属性的命题的处理方法，确保了如果某些基本的命题是真的，那么由它们构造而成的命题也是真的。但处理方法本身并不赋予意义：数学对象与属性是抽象的，它们需要形式化的定义。我们推理的精确性仅仅在这些对象与性质被精确描述的前提下才有意义。

在理想情况下，数学的出发点是一个对象的集合——原始对象以及公理，即这些对象的性质。更复杂的命题之后通过逻辑由公理构造出来。类似这样的公理化系统包括经典几何学（见第 57 页）以及集合论（见第 27 页）。

从定义与直觉出发，我们提出猜想。这是一些我们希望证明或否证的命题。一个被证明的猜想被称为定理，它应该是正确、准确和精确的。定理希望告诉我们一些关于我们考虑的对象的新东西——一些从我们作为出发点的定义用逻辑推出的东西。人们说匈牙利数学家保罗·埃尔德什（Paul Erdös）曾将数学家比喻为一个能将咖啡转化为定理的设备。〔译者注：实际上这个描述来自雷尼（Rényi）。〕

数学的惊人之处在于它似乎可以产生极高价值的结果，尽管这些结果只是由严格定义得出的重言式（译者注：重言式就是永远为真的命题）。尽管它们从假定为真的前提通过逻辑推理得到，如果不努力理解的话，它们远非显然。

路易斯·卡罗（Lewis Carroll）有名的儿童读物《爱丽丝漫游仙境》中到处都是
证明以及逻辑谬误的例子，逻辑谬误是对证明的方法未能正确理解所导致的。

证明简介

证明是一个证明某个结果的论证，不仅需要排除合理的疑问，而是需要排除所有疑问。至少这就是原则。但在实际情况下，我们没有空间也没有时间将每个论证还原成完整的由逻辑步骤构成的序列。所以细节可以被当作**显然**或者无价值的而被忽略，这可能会导致一些令证明无效的疏失。

很难确定证明到底由什么组成。对于一些人来说，它是一种社会学架构——数学家们的认可则扮演了赋予证明确定性的角色。对于其他人来说，证明是一纸流程列表，可以由机器甚至火星人来检查，只要他们理解逻辑符号。

完成证明可以有好几种不同的策略，对于某个给定的问题，不同的策略成功的可能性或多或少。数学的艺术之一在于寻找得到某个结果的最简单或者最佳的方式。

直接证明

最简单的证明类型是直接证明——它依照一系列逻辑命题从一套假定带来某个我们想要的结论。

然而，要巨细靡遗地写出一个证明中从公理开始的每一个基本步骤，这近乎不可能——而且无聊得令人无法忍受。所以，即使是直接证明通常也会走些捷径。

直接证明中的标准论证是一套简单的推理规则，比如被称为**三段论**的技巧。假设我们希望证明一个命题 Q。如果我们能证明当 P 为真时 Q 也为真，也就是说 P 蕴含 Q，并且我们已经证明了这个额外的命题 P，那么这个两步的证明就相当于直接证明 Q 是真的。

考虑一个简单的例子，假设我们希望证明每个偶数的平方都能被 4 整除。现在，如果一个整数是偶数，那么它可以写成 $2n$，n 是一个整数。它的平方是 $4n^2$，能被 4 整除。

在这里，命题 P 是**一个偶数能写成 2 乘以一个整数**，而命题 Q 是**偶数的平方能被 4 整除**。

这看起来可能没有意义——只不过是将相关数字的定义重新组合而已，但直接证明是数学中许多证明的基础。

当然，不是所有证明方法都那么容易理解，有些方法，例如图表证明、概率证明与数学归纳法（见第 194 页），就引发了高深的哲学争论。

反证法

反证法是被称为归谬法的逻辑论证的数学方法，其中对一个命题的否认会导向一个荒谬或者无意义的结果。在数学中，这个荒谬的结果是某个已知为真的东西的否定。

这种论证的思路如下：

- 要证明 Q 必然是真的，先假设它不是真的，假设 Q 的否定是真的。

- 利用其他证明方法，证明这个假定的一个结论是一个已知为假的命题。比如说，"证明" $0 = 1$。

- 这证明了一开始的假设一定是假的，所以 Q 是真的。

对于有无限个素数存在的证明（见第 197 页）就是这种方法的一个例子。

存在性证明

存在性证明确立的是要给出满足某种预先定义性质的对象的确存在的结论。由于数学对象通常是抽象的，存在性证明可以使你省去探求某些不存在的对象的属性需要的大量精力，即使在抽象的意义上亦然。

有两种存在性证明的基本类别。正如它的名字所示，**构造性证明**会产出所需的对象或者属性的一个实际例子，当然是在抽象的理论对象意义上的实际。另一种是**非构造性证明**——它证明在逻辑上这样的对象必须存在，但不用给出任何关于例子的提示。

构造性证明一般很显然。例如，我们可以问：是否存在可以被 16 整除的偶数？

答案是可以，而简短的证明也很容易：16。稍长的证明是，16 显然可以被 16 和 2 整除，所以 16 是一个能被 16 整除的偶数。当然，许多别的数也可以用在证明之中，比如说任何 16 的正整数倍。但对于存在性证明，我们只需要展示一个样本。

非构造性证明可能更加微妙。例如，我们可以证明类似 $9x^5 + 28x^3 + 10x + 17 = 0$ 的方程有一个解，而不一定需要我们能够说出解是什么。

上述方程左边在 x 取为 0 时，也就是 $x = 0$ 时，得到 17。而当 $x = -1$ 时结果是 -30。从这些结果出发，我们可以用中值定理（见第 104 页）证明，对于在 -30 与 17 中的任意 y 值，都存在 -1 和 0 之间的某个 x 值，使得它代入方程左边可以得到需要的 y 值。因为 0 是方程右边给出的结果，所以方程存在一个解——更进一步的研究可以证明它是唯一的——在实数中唯一的解。

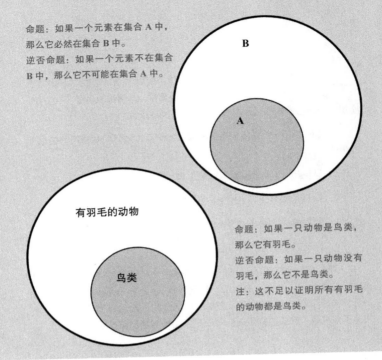

命题：如果一个元素在集合 A 中，那么它必然在集合 B 中。
逆否命题：如果一个元素不在集合 B 中，那么它不可能在集合 A 中。

命题：如果一只动物是鸟类，那么它有羽毛。
逆否命题：如果一只动物没有羽毛，那么它不是鸟类。
注：这不足以证明所有有羽毛的动物都是鸟类。

逆否命题与反例

一个命题 P 的否命题，有时称为非 P，是一个当 P 为假时为真而当 P 为真时为假的命题。逻辑中的一条重要规则就是命题 P 蕴含 Q 在逻辑上等价于非 Q 蕴含非 P。有时候证明否命题之间的联系比证明原命题之间的联系更容易，这被称为逆否命题证法。

只有在要证明的命题是真的情况下，逆否命题的使用才是有效的。但在数学研究中，一开始的命题可能是猜想，总有可能命题本身不是真的，于是不存在证明。

如果这可能发生，那么有两种策略可以使用。其一是尝试用逻辑证明 Q 的否定而不是 Q 本身；其二是尝试找到一个反例——与 Q 矛盾的单一实例。例如，如果 Q 是命题"所有偶数都能被 4 整除"，那么 6 就是一个否证这个命题的简单反例。

数学归纳法

一些数学结果包含关于自然数的命题，所以需要证明的命题大概类似：对于所有 $n = 1, 2, 3, \cdots$，$P(n)$ 是真的。归纳法提供了一种方法，能用一个理论性的想法来处理无数命题组成的集合。

与其对于每一个 n 值分开证明需要的结果，数学归纳法用的是以下的步骤：

1．证明当 $n = 1$ 时需要的结果正确，即是证明 $P(1)$。

2．假设结果对于 $n = k$ 时正确，这里 $k \geqslant 1$。

3．证明如果 $P(k)$ 是正确的，那么 $P(k + 1)$ 也是正确的。

4．这就对于所有的 n 证明了 $P(n)$。

第四步是前三步的推论，用到了被称为自举的论证。步骤 1 说明 $P(1)$ 是真的。因为 $P(1)$ 是真的，根据步骤 3，$P(2)$ 也是真的；因为 $P(2)$ 是真的，现在步骤 3 又可以证明 $P(3)$ 是真的，如此等等。然而，一些关于无限这个概念的哲学问题令一些人拒绝归纳论证。

归纳法证明

$$P(n): \ 1 + 2 + 3 + \cdots + n = \frac{1}{2} \, n(n + 1)$$

第一步：$P(1)$ 断言：$1 = \frac{1}{2} \times 1 \times (1 + 1)$。所以 $P(1)$ 是真的。

第二步：假设 $P(k)$ 是真的，也就是说 $1 + 2 + 3 + \cdots + k = \frac{1}{2} \, k(k+1)$，这里 $k \geqslant 1$。

第三步：证明 $P(k)$ 蕴含 $P(k + 1)$：

在 $P(n)$ 的定义中将 n 替换为 $(k + 1)$，得到：

$$1 + 2 + 3 + \cdots + k + (k + 1) = \frac{1}{2} \, (k + 1)(k + 2)$$

这就是我们希望用第二步中的假定证明的命题。

用第二步中的前 k 项和能得到：

$$1 + 2 + 3 + \cdots + k + (k + 1) = \frac{1}{2} \, k(k + 1) + (k + 1)$$

但是，无论在方程右面拆括号还是因式分解为 $(k + 1)(\frac{1}{2} \, k + 1)$，简化后我们得到

$$\frac{1}{2} \, k(k + 1) + (k + 1) = \frac{1}{2} \, (k + 1)(k + 2)$$，这证明了 $P(k + 1)$。

第四步：由归纳法，一般的命题 $P(n)$ 成立。

枚举法与排除法

枚举证明将一个问题分成几个情况，然后分别处理它们。历史上这种证明的一个例子是四色定理（见第 164 页），一开始被分成如此多的情况，只有计算机才能考虑所有情况，引出了计算机穷举程序能否构成证明的问题。

初看起来，夏洛克·福尔摩斯（Sherlock Holmes）的排除过程（见第 188 页）看起来很像穷举法，但排除法实际上是**避免**考虑所有可能性——它实际上是一种逆否命题证法（见第 193 页）。在所有其他嫌疑犯中使用穷举法，我们能证明他们都是无辜的，所以我们可以说：如果杀人者不是兰斯博藤先生，那么所有的嫌疑人都无罪。它的逆否命题是：如果嫌疑人之一是有罪的，那么杀人者一定是兰斯博藤先生。一开始的假定，也就是我们有一张嫌疑人的完全列表，常常被忽略，但这也解释了为什么与世隔绝的乡村的住宅会出现在许多侦探故事之中。

数论简介

数论是对数的性质的研究，它经常聚焦于自然数上，在本书中也如此。尽管这看似比研究实数或者复数更无趣或者更不重要，但自然数是我们对世界的思考中固有的一部分。理解自然数及其性质这一纯粹的智力成就不能被低估，而数论与数学中一些最深刻的问题有关。

因为自然数是由作为基础的素数构建的（见第 18 页），数论中的许多问题都与素数有关。在数论最重要的现代应用——密码学中，素数也占据了中心地位。电子邮件通信以及银行交易的保密性用到的密钥基于数论的因子分解问题。大素数的处理创造了一些易用难解的密码。

37—36—35—34—33—32—**31**
| |
38 **17**—16—15—14—**13** 30
| | |
39 18   **5**—4—**3** 12 **29**
| | | | |
40 **19** 6   1—**2** **11** 28
| | | | |
41 20 **7**—8—9—10 27
| | |
42 21—22—**23**—24—25—26
|
43—44—45—46—**47**—48—49…

乌拉姆螺旋是素数中一个引人注目的规律。当数字形成简单的矩形螺旋图案时，素数有着沿着对角线分布的显著倾向。

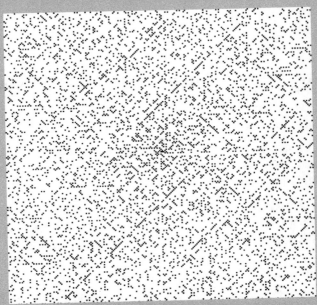

一个巨大的乌拉姆螺旋标明了40000个数的位置，其中素数用黑点表示。

欧几里得对素数无限性的证明

对 存在无数个素数的证明被包含欧几里得的几何原本中，它在2000多年前成书。证明这个定理最直接的方法用到了反证法，其中对某个命题的否定会引出谬误或者矛盾的结果。因此，我们一开始假设只存在恰好 N 个素数，分别是 p_1，…，p_N，这里 N 是一个有限的数。现在我们考虑一个数 x，它是所有 N 个素数的乘积加 1，也就是 $x = (p_1 \times p_2 \times \cdots \times p_N) + 1$。

将 x 除以 p_1 到 p_N 中的任意一个，都会余 1，所以 x 不能被我们有限的素数列表中的任一个整除。但因为所有不是素数的数都能表达为素数的乘积（见第 18 页），这意味着 x 的因子只有 1 和 x 本身。所以，x 一定是素数。但在这种情况下，我们包含 N 个素数的列表就是不完整的。这与我们一开始的假设矛盾，所以实际上证明了存在无限多个素数。

孪生素数

孪生素数是成对的素数，它们同时是相邻的奇数：也就是说它们间隔为 2。例如考虑前几个素数：2、3、5、7、11、13、17、19、23、29、31、37、41、43、47、53……在这里，11 和 13、17 和 19、29 和 31、41 和 43 是孪生素数对，而 3、5、7 组成了素数三胞胎！

从数值上我们确定了在 10^{18} 以下存在大约 808675888577436 对孪生素数，而绝大部分数学家相信孪生素数猜想，也就是存在无限对孪生素数，虽然这仍然未被证明。

其他素数对也可以通过与孪生素数类似的方法构造——表亲素数是那些间隔为 4 的素数对，而间六素数是那些间隔为 6 的素数对。波利尼亚克猜想暗示，对于任意的偶自然数 k，可以找到无穷对间隔为 k 的素数。（译者注：在 2013 年，数学家张益唐证明了存在一个有限的 k 值，使得波利尼亚克猜想是对的。这是在孪生素数相关问题上的重大突破。）

2	3	5	7		11	13		17	19
	23			29	31			37	
41	43		47			53			59
61			67		71	73			79
	83			89				97	
101	103		107	109		113			
			127		131			137	139
				149	151			157	
	163		167			173			179
181					191	193		197	199
					211				
	223		227	229		233			239
241					251			257	
	263			269	271			277	
281	283					293			
			307		311	313		317	
					331			337	
			347	349		353			359
			367			373			379
	383			389				397	

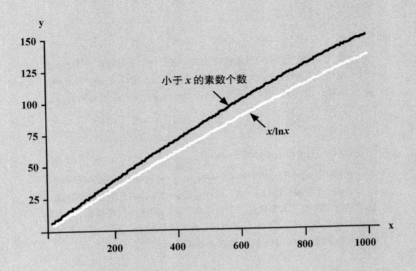

素数定理

素数定理描述了素数分布的方式。它断言小于任何实数 x 的素数个数大概等于 $\dfrac{x}{\ln(x)}$。

利用已知素数的列表，卡尔·高斯猜想到素数的密度大概是 $\dfrac{1}{\ln(x)}$。这意味着在 x 附近一个长度为 d 的区间中找到素数的概率大概是 $\dfrac{d}{\ln(x)}$。如果这是正确的，那么小于 x 的素数总数大概就是密度的积分，这大概是 $\dfrac{x}{\ln(x)}$ 的数量级。

上图展示了下方 $\dfrac{x}{\ln(x)}$ 的线是上方表示小于 x 的素数实际个数曲线的合理近似。但我们发现利用一个称为黎曼 ζ 函数的表达式可以得到精确的结果。

黎曼 ζ 函数

黎曼 ζ 函数与素数的分布密切相关。它是一个无穷级数，等于 1 除以所有正整数的 s 次方的和。这可以通过一个所有素数的乘积来表达，用到一个莱昂哈德·欧拉（Leonhard Euler）已经知道的公式：

$$\zeta(s) = 1 + \frac{1}{2^s} + \frac{1}{3^s} + \cdots = \prod_{p \text{ prime}} \left(1 - \frac{1}{p^s}\right)^{-1}$$

在这里，$\prod$ 表示不同因子的乘积。

利用解析拓拓的技巧（见第 154 页），ζ 函数可以延拓为**解析函数**，其中 s 是一个复数，并且 $s \neq 1$。进一步地，可以建立下图所示的等式。这非常有冲击力，因为它是一个关于小于 x 的素数的自然对数、x 本身以及 x^z 的精确关系，其中 ζ 函数在 z 处为零。因此，关于 ζ 函数何时为零的知识能提供小于 x 的素数的完整描述。

$$\sum_{p \text{ prime}, m \geq 1, p^m \leq x} \ln p =$$

$$x - \sum_{z : \zeta(z) = 0} \frac{x^z}{z} - \frac{\zeta'(0)}{\zeta'(0)}$$

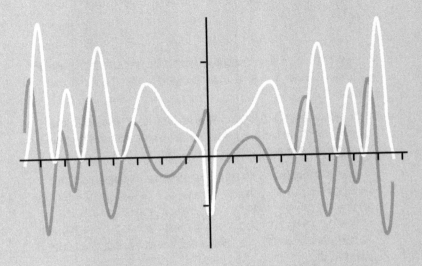

黎曼 ζ 函数在 $O = \frac{1}{2} + ix$ 上实部（白线）与虚部（灰线）的图像。当两条曲线同时为零时就有一个黎曼零点。

黎曼假设

黎 曼假设是一个涉及黎曼 ζ 函数在何种情况下等于零的猜想。德国数学家波恩哈德·黎曼（Bernhard Riemann）在一开始确定了 -2、-4、-6 等负偶数上有平凡零点的事实，它们对于整个级数贡献不大。然后他提出所有剩下的零点值的实部都是 $\frac{1}{2}$ 的假设。这意味着它们应该在用 $\frac{1}{2} + ix$ 表达的一条直线上，在这里 x 是一个实数，i 是 $\sqrt{-1}$。上图中展示了在 -14.135 到 14.135 之间 x 值中的前几个非平凡零点。

黎曼假设是克雷数学研究院千禧年难题之一（见第 205 页），它也出现在大卫·希尔伯特的 23 个数学主要未解难题列表中（见第 37 页）。尽管前十万亿个零点都已经被证明沿着 $\frac{1}{2} + ix$ 分布，一般情况的猜想还没被证明。

勾股数

一个整数 a、b 和 c 组成一组勾股数当且仅当它们满足方程 $a^2 + b^2 = c^2$。所以 $(3, 4, 5)$ 是一组勾股数，因为 $3^2 + 4^2 = 9 + 16 = 25$，或者说 5^2。

显然存在无数多组勾股数，因为对一组中每一个数乘以同样的因子就能得到新的一组勾股数。如果我们限制在那些三个数没有共同的因子的勾股数中，我们能够证明这样的组合同样存在无数组。

这些组合被称为本原勾股数，它们也能用一种简洁的方式构造。首先选择正整数 x 和 y，其中 $x < y$，然后令 $a = x^2 - y^2$ 以及 $b = 2xy$。这时 $a^2 + b^2 = (x^2 - y^2)^2 + 4x^2y^2 = (x^4 - 2x^2y^2 + y^4) + 4x^2y^2 = x^4 + 2x^2y^2 + y^4 = (x^2 + y^2)^2$。三元组 $(x^2 - y^2, 2xy, x^2 + y^2)$ 就是一组勾股数，当 x 和 y 没有公共因子时它是本原的。进一步地，我们能证明每组本原勾股数都能写成这种形式。

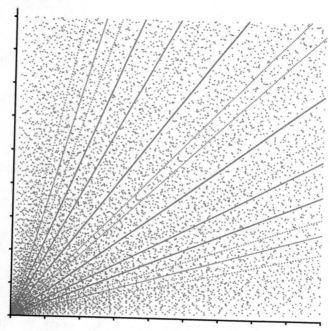

与乌拉姆螺旋中的素数类似，勾股数的图像也展示了惊人的结构。

"不可能将一个立方分离为两个立方，或者将一个四次方分离为两个四次方，或者更一般地，任何一个高于二次的幂分离为两个次数与之相同的幂。我发现了一个真正巧妙的证明，但这里页边太窄了写不下。"

皮埃尔·德·费马

费马大定理

费马大定理断言不存在三个正整数 a、b 与 c 能满足方程 $a^n + b^n = c^n$，这里 $n \geq 3$。这是勾股数的一个自然推广，勾股数对应 $n = 2$。法国数学家皮埃尔·德·费马（Pierre de Fermat）1637 年在一本数学教材的边上写下了这个定理作为旁注。更诱人的是，他宣称他有一个方法来证明它（见上图），但即使这个证明真的存在也从未被发现，虽然他的确留下了 $n = 4$ 的证明。

经过 350 年以及此间发展的大量有创造性的数学之后，安德鲁·怀尔斯（Andrew Wiles，现在是怀尔斯爵士）在剑桥的艾萨克·牛顿研究所宣布了一个证明。尽管在他原来的证明中仍存在问题，漏洞很快就被修补上，最终的定稿在 1995 年被数学期刊所接受。怀尔斯的方法基于椭圆曲线理论（见第 204 页），证明了如果更高次的三元组存在，那么它会与当时另一个重要的猜想矛盾。通过证明另一个猜想成立，怀尔斯同样解决了费马大定理。

曲线上的有理点

有理点是那些能表达为两个整数比值的数或者函数值。在椭圆曲线上有理点的识别对于费马大定理的解决（见第 203 页）至关重要。

将费马的关系式 $a^n + b^n = c^n$ 除以 c^n 得到 $(a/c)^n + (b/c)^n = 1$。如果这个方程的解存在，他们应该对应曲线 $x^n + y^n = 1$ 上的点，这里 x 和 y 都是有理数。在曲线 $x^2 + y^2 = 1$ 上存在无数个有理点，所以 $a^2 + b^2 = c^2$ 有无数组解，就是无数组勾股数。然而对于大于 2 的 n 值，事情变得更为棘手。

在曲线上的有理点与方程的整数解之间的对应关系带来了对连续曲线与有理点相交方式的更深入研究。对于简单曲线，要么有无穷多个有理点，要么没有。更复杂的曲线可能有有限个有理点。

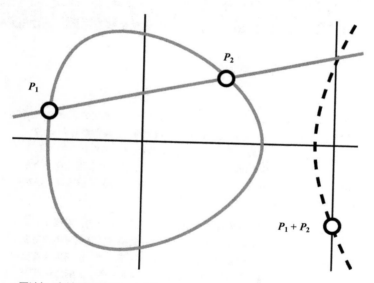

可以向一条椭圆曲线赋予一个交换群。连接两个点的直线与曲线相交于第三个点，这个点关于 x 轴的反射给出了这两个点在群中运算的结果。

克雷研究院千禧年难题

P 与 NP

霍奇猜想

庞加莱猜想 √

黎曼假设

杨－米尔斯存在性与质量间隙

纳维－斯托克斯存在性与光滑性

贝赫与斯维讷通－戴尔猜想

贝赫与斯维讷通－戴尔猜想

贝赫与斯维讷通－戴尔猜想是一个未被证明的命题，它也是克雷数学研究院千禧年难题之一。与黎曼 ζ 函数计算素数个数的方法类似，这个猜想断言存在类似的幂级数来计算椭圆曲线上的有理点。

更准确地说，假定一条椭圆曲线，布莱恩·贝赫（Bryan Birch）与彼特·斯维讷通-戴尔（Peter Swinnerton-Dyer）展示了如何定义一个每项为 a_n/n_s 的级数，他们猜想它在 $s = 1$ 处的表现决定了曲线上存在无数个有理点还是只有有限个。

尽管一般情况仍未被证明，已经知道这个猜想对于某些特殊情况成立。它在像类似函数能在多大程度上决定数论性质这类问题的理解中占据中心地位。

朗兰兹纲领

朗兰兹纲领是一系列连接数论与群论课题的猜想，有着统一数学中许多领域的潜力，这些领域原本被认为从根本上就是分立的。最早由加拿大数学家罗伯特·朗兰兹（Robert Langlands）在 20 世纪 60 年代提出的这些猜想有着作为对应关系词典的形式，暗示着如果一个理论中的某些结果是正确的，那么在另一个理论中相似的结果也是正确的。

费马大定理（见第 203 页）的证明中最后的工作实际上是跟随朗兰兹纲领的思想所得到的结果。然而，尽管在这个以及其他一些方向上有着可喜的进展，其余许多分支仍然未被证明。无论如何，朗兰兹纲领绝对是现代数学中最伟大的统一主题之一。

词汇表

可结合性

一个定义在集合中两个元素上的运算"∘"是可结合的，当且仅当对于集合中任意三个元素 a、b 和 c 都有 $a\circ(b\circ c)=(a\circ b)\circ c$。

微积分

利用极限对函数的研究，用以探索变化率（微分）与求和或面积（积分）。

可交换性

一个定义在集合中两个元素上的运算"∘"是可交换的当且仅当对于集合中任意两个元素 a 和 b 都有 $a\circ b=b\circ a$。

复数

一个形如 $a+ib$ 的"数"，其中 a 和 b 是实数，i 是负一的平方根；a 是该复数的实部，b 是虚部。

椭圆曲线

一系列能通过将平面与圆锥相交得到的几何曲线。圆、椭圆、抛物线与双曲线都是椭圆曲线。

连续性

一个函数是连续的当且仅当它的图像可以流畅地画出。这意味着函数在某个趋向于某点的点列上的取值极限等于函数在该点上的值。

收敛性

趋向某个极限的属性（特征）。

可数集

可以写成一个（可能无限的）列表的集合。它的元素可以与自然数的某个子集的元素配对。

导数

对某个可微函数微分后得到的函数。

微分

通过考虑函数的变化值除以变量的变化值得到的极限来寻找某个函数的斜率或者变化率的过程。

分配律

给定两个定义在集合中两个元素上的运算"∘"与"×"，那么 × 对于∘**左分配**当且仅当对于集合中任意三个元素 a、b 和 c，$a\times[b\circ c]=[a\times b]\circ[a\times c]$，而**右分配**则是 $[a\circ b]\times c=[a\times c]\circ[b\times c]$；我们说 × 对于∘**分配**当且仅当 × 对于∘同时左分配与右分配。

椭圆

一条能写成 $x^2/a^2+y^2/b^2=1$ 的闭曲线，其中 a 和 b 是正的常数。如果 $a=b$，曲线就是圆。

指数函数

将欧拉常数 e 提升到 x 次幂得到的函数。

分形

一个在所有尺度上都有结构的集合，无论如何放大都会有新的特征出现。

函数

一个对于（函数定义域中的）每个值赋予一个（函数值域或者像中的）值的规则。通常记作 $f(x)$。

群

一个自然的抽象代数结构。假定一个定义在集合 G 中两个元素上的运算"∘"，那么 G 是一个群当且仅当满足下面四个条件：对于任意 G 中的 a 和 b，$a\circ b$ 仍然在 G 中（封闭性）；∘在 G 上可结合；存在 G 中的元素 e 使得对于 G 中的任何元素 a 都有 $a\circ e=a$（单位元）；以及对于 G 中所有 a 都存在一个 b 使得 $a\circ b=b\circ a=e$（逆元）。

双曲线

一条能写成 $x^2/a^2-y^2/b^2=1$ 形式的曲线，其中 a、b 是正的常数。

像

函数或者映射在某个区域上可以取到的值的集合。

纯虚数

一个非零而实部为零的复数，即一个形如 ib 的数，其中 b 不等于零。

整数

没有小数部分的数（包括负数）。

积分

对函数积分的结果。

积分法

用微积分对面积求和的过程。

核

对于某个线性映射，在线性空间中被映射到零向量的向量集合。

极限

当数列收敛时趋近的值，所以对于任意需要的误差，在数列的某项之后，所有接下来的项都在极限的这个误差以内。

测度

一个关于集合子集的函数，被用来确定不同子集的总体大小。测度对于（进阶的）积分与概率论非常重要。

度量

一个关于空间中点的非负函数，可以作为距离。如果 d 是一个度量，那么 $d(x,y) = 0$ 当且仅当 $x = y$；$d(x,y) = d(y,x)$；以及对于所有 x、y 和 z 都有 $d(x,z) \leq d(x,y) + d(y,z)$。度量也可以通过积分来构造。

自然数

整数或者计数时用的数，所以自然数的集合是 $\{0, 1, 2, 3, \cdots\}$，包括零但不包括无穷。一些人用的定义不包括零，但我们将集合 $\{1, 2, 3, \cdots\}$ 称为正整数。

抛物线

一条能写成 $y = ax^2 + bx + c$ 形式的曲线，这里 a、b 和 c 都是实数，a 不等于零。

素数

一个大于 1 的正整数，它的因子只有 1 和它本身。

有理数

能写成整数除以非零整数的数，即形如 a/b，其中 a 和 b 都是整数，b 不等于零。

实数

一个要么是有理数要么是某个有理数列的极限的数。每个实数都可以写成十进制小数。

数列

数的有序列表。

级数

一些项的和，可能包含无限个项。

集合

集合是一些对象，这些对象被称为集合的元素。它是数学中归类对象的基本方法。

泰勒级数

一个（足够好的）函数在某个点 x_0 附近的泰勒级数是一个包含 $(x - x_0)^n$ 的幂级数，其中 $n = 0,1,2,3,\dots$，当 x 无限靠近 x_0 时，它收敛。

不可数

不可数集是一个不是可数的集合，也就是说，不存在（有些或无限的）列表可以包含集合中的所有元素。

向量

一种拥有方向与大小的对象。一个向量可以看成一组欧几里得空间中的笛卡儿坐标 $(x_1, \cdots, x_n)$，又或者是更抽象的线性空间中一组基的线性组合。

线性空间

一个满足某些组合规则（向量加法）与缩放规则（与非向量常数的乘法）的由向量组成的抽象空间。